⊙北京市哲学社会科学“十一五”规划重点项目（07AbWY037）
⊙北京市教育委员会专项基金项目（JD2012-11）
⊙北京市属高等学校人才强教计划资助项目
⊙中央财政支持地方高校发展专项资金——人才培养和创新团队建设项目
PXM2010_014216_110347

# 北京回族服饰文化研究

BEIJING HUIZU FUSHI
WENHUA YANJIU

郭平建 / 主编



中央民族大学出版社
China Minzu University Press

## 图书在版编目（CIP）数据

北京回族服饰文化研究 / 郭平建 主编. —北京：中央民族大学出版社，2013.9

ISBN 978-7-5660-0418-5

Ⅰ. ①北… Ⅱ. ①郭… Ⅲ. ①回族—服饰文化—研究—北京市 Ⅳ. ①TS941.742.813

中国版本图书馆CIP数据核字（2013）第063451号

## 北京回族服饰文化研究

主　　编　郭平建
责任编辑　红　梅
装帧设计　汤建军
出 版 者　中央民族大学出版社
　　　　　北京市海淀区中关村南大街27号
　　　　　邮编：100081
　　　　　电话：68472815（发行部）　传真：68932751（发行部）
　　　　　　　　68932218（总编室）　　　　68932447（办公室）
发 行 者　全国各地新华书店
印 刷 厂　北京宏伟双华印刷有限公司
开　　本　787×1092（毫米）　1/16　印张：12.5
字　　数　200千字
版　　次　2013年9月第1版　2013年9月第1次印刷
书　　号　ISBN 978-7-5660-0418-5
定　　价　38.00元

# 序 言

服饰除满足人类的各种基本需要，如遮蔽、取暖、美观等之外，还具有区分不同民族群体的外显功能。虽然在历史长河中，伴随着人口的流动及各民族的交往，各民族服饰相互影响，彼此渗透，你中有我，我中有你。但对于每一个具体民族而言，服饰始终是其民族特色的重要“符号”，由此形成多民族社会绚丽多姿的服饰文化。

然而谈回族服饰特色，则并不是一件容易的事。从文化角度，回族是伊斯兰文化与中国传统文化结合的载体，有其更丰富的文化内涵。在回族人身上，伊斯兰文化与中国传统文化的影响难解难分。加之回族在中国分布的广泛性，不同地区的回族又表现出地区性的特色，其民族共同体内部的差异性使得我们很难用一个统一的标准去界定什么是回族文化，什么是回族服饰。这一特点与回族形成发展的历史是分不开的。回族形成于中国，但她不是由中国古代的某个民族、部落的融合、发展而形成的民族，而基本上是以来自国外的穆斯林（包括阿拉伯人、波斯人及中亚突厥语族各族人等）与中国土著的汉族（也包括部分蒙古人、维吾尔人等）长期融合而形成的。回族形成过程中的时间跨度（经历了从唐代至明代几百年）、族源的多元化、回族先民初期入华时所从事主要活动的流动性（经商、参加蒙古军统一中国的战争等）等方面的特点，造成这个形成于中国的民族注定不会固着于某一地域，而是适应环境及不同时代政治、经济等方面的需要散居于中华大地，其分布的广泛性几乎与汉族相当，主要与汉族杂居。在中国少数民族中，回族的独特性还表现在，她是唯一一个自形成即使用汉语的少数民族。中国其他一些民族，如满族、畲族等，现在基本使用汉语。但这些民族在历史上都有本民族的固有语言。回族先民虽然使用过阿拉伯语、波斯语及突厥语族诸语言，但当回族作为一个民族共同体而形成的时候，使用汉语就是回族的一个重要特征。

以上特点，决定了回族要与周围的环境相适应并与生存的空间融为一体，也决定了回族必须要与也是分布全国的汉族发生密切的关系。从历史上看，回族人为适应主流文化而做了极大的努力，从而把民族间的文化反差降到最低程度，藉此营造了有利于民族生存与社会和谐的文化氛围。这一特点表现在服饰上，即回族服饰主要和周围的汉族服饰大体相近，历史上有“汉装回”之称。而一些生活在其他少数民族地区的回族，其服饰也会受到当地民族的影响。清代回族著名学者刘智在其《天方典礼》“冠服”中指出：“古之冠服，异代不同，异处不同，凡居属国，遵而服之可也。”这段话，恰恰道出了回族服饰“随乡入俗”的特点。

然而回族毕竟是一个独立的民族共同体，她虽然缺乏聚族而居的地理优势，分散在汉族的“汪洋大海”中，但其文化的特殊性使回族始终以与汉族“同中存异”、“异中求同”的生存模式区别于汉族。为保持其民族性，回族将其民族文化因素中的伊斯兰因素作为区别于周围汉族的重要特征。具体到服饰上，如男子戴的帽子和女子的头巾，都与伊斯兰教的规定有关，逐渐发展成为回族的外在符号，具有了民族的象征性意义。这种“象征性”在回族中其实存在着不同的解读。由于各地回族对于伊斯兰教的理解及宗教修持方面存在着较大的差异性，所以通常帽子和头巾就成为“虔信者”或“穆斯林”的重要标记。然而“穆斯林”是拥有十几亿信仰者的宗教共同体，这样，回族的服饰从风格上就与世界其他国家的穆斯林有许多共同之处，具有浓厚的宗教性色彩。然而仔细观察，回族服饰的“回族特色”仍然清晰可见，包括用料、颜色、样式等。特别当男子的“小白帽”和女性的“盖头”与中国风格的服装搭配在一起时，它就是中国回族所特有的民族服饰。

应该说，回族文化是由伊斯兰文化和中华传统文化相交织、相融汇而形成的，具有丰富的、复杂的内容及表现形式，以此为依托的回族服饰也是一样，它既不是纯粹的“伊斯兰化”的，更不是完全“中国化”的，而是“回族化”的，具体表现为伊斯兰文化与中国传统文化的完美结合。这种结合在不同地区表现不尽相同，一些地区，特别是西北回族相对聚居区宗教色彩浓重些，“白帽”、“盖头”随处可见，也有人在研发、引进甚至创新着回族服饰；但在其他地区，“白帽”、“盖头”等可能更多在宗教节日、人生礼仪或者宗教场所才能见到，有许多回族可能终其一生也未曾佩戴过。这种现象并不奇怪，因为回族就是一个承载着两种文化的民族共同体，从回族发展的历史过程看，伊斯兰文化与中国传统文化始终是探讨回族文化的两条互相交织的主线。

民族服饰属于民俗现象。从研究者角度，通常研究回族民俗，首选西北，因为西北地区被视为回族民俗最浓郁的地区。但陶萌萌、郭平建，一位是脱颖而出的回族学研究新秀，一位是热心民族文化事业的资深学者，他们聚焦北京，通过查阅资料及深入实地的调查研究，撰写出了《北京回族服饰文化研究》这样一本富有创新性的著作。无疑这本图文并茂的成果对于人们了解回族，了解北京丰富多彩、和谐多元的文化生活具有非常重要的意义。书中作者也是沿着回族文化多样性的线索在研读回族，展现回族。由于书中特别强调北京回族服饰的“民族特色”，所以对伊斯兰文化因素着墨颇多，特别是有关“回族服饰设计作品”部分。当然艺术创作和现实生活是有距离的，而且民族服饰的发展通常遵循着民族发展的自然规律，与民族的价值观、文化走向密切相关。从历史上看，回族服饰的发展也曾受到外力的干涉。如明太宗朱元璋建国后，采取禁止“胡服”的政策；到了清代，统治阶级对回族人民更存偏见。雍正初年，山东巡抚陈世琯和署理安徽按察司鲁国华等地方大员向清廷上疏，对回民的服制、信仰等，妄加指责，并建议“请令回民遵奉正朔，服制，一应礼拜等寺，尽行禁革……戴白帽者以违制律定拟”（《清世宗实录》卷 8）。但回族并没有因为外力的干涉而改变，而是在一定程度上坚持和保留了本民族特有的服饰习惯。所以说服饰作为民族文化的重要内容，凝聚着民族的性格、民族的情感。今天我们在本书中所看到的北京回族服饰，其中包含着历史的承继，也蕴涵着时代的风貌，是民族文化的传承、创新与发展。

让我们透过北京回族服饰文化的窗口，在欣赏北京多元化与和谐之美的同时，去感受回族人的传统、精神与追求……

中央民族大学民族学与社会学学院

丁 宏

2013 年 5 月 20 日

# 前　言

回族是中华民族大家庭中的一员。回族服饰是回族文化传承的重要载体，也是回族宗教信仰、生存环境、文化活动的生动写照，具有一定的学术研究价值，于2006年入选我国第一批国家级非物质文化遗产名录。

研究回族服饰文化主要出于两个原因：一是受原全国政协民族和宗教委员会主任钮茂生先生在一次关于“文化遗产与民族服饰”学术研讨会上讲话的启迪。钮主任说宗教服饰的研究在我国是薄弱环节，他呼吁学者们加强这一领域的研究。二是鉴于我国当前正处于大的社会变革时期，经济发展迅速，城市化进程步伐大，因而城市中民族融合速度也在加快，但缺乏针对都市民族服饰文化的研究及开发。基于以上两点，我首先申请了首都服饰文化与服装产业研究基地项目（JD2006-05）“北京回族妇女服饰文化变迁及其发展趋势研究——以牛街为例”，2005级硕士研究生林君慧和北京服装学院张春佳老师是主要参加者。该项目研究顺利结题，并获得相关专家的肯定。专家的肯定鼓励我于2007年申报了北京市哲学社会科学“十一五”重点规划项目《北京回族服饰文化研究》（07AbWY037），期望从更大范围来探索都市回族服饰文化的现状、变迁及原因，旨在传承保护民族服饰文化，促进社会主义和谐社会建设与民族团结。

2007级硕士研究生陶萌萌是《北京回族服饰文化研究》的主要研究者和完成人。她利用自己的回族身份、熟练的摄影技术以及本科时打下的社会学基础，深入北京的几个回族社区，对清真寺的宗教人士和普通回族家庭进行了多方面的采访，并拍摄了相关影像资料，为其硕士学位论文的完成获取了鲜活的第一手资料。可以说没有陶萌萌的参与，本项目难以顺利完成。

《北京回族服饰文化研究》的项目结题报告于2010年9月经北京市哲学社会科学规划办组织有关专家鉴定，获得“优秀”等级。鉴定结论这样写道：

《北京回族服饰文化研究》以现代北京都市为背景，选取了北京的四个清真寺社区为主要调查对象，运用社会学、民族学研究理论，针对中国传统文化、伊斯兰宗教文化对回族服饰的影响进行分析，对回族形成历史及北京回族服饰文化的特点进行了回顾及总结，通过对北京回族节日服饰、礼仪服饰、丧葬服饰、日常服饰及宗教服饰的系统调查，对北京回族服饰文化的融合和演变进行了梳理，大胆地对影响现代北京回族服饰文化变迁的社会文化因素进行了分析，并对北京回族服饰的发展趋势及其开发的可行性进行了展望。研究报告采用文献查阅、实地考察、人物访谈、社区随机调查等方法，使用大量现场图片，运用大量第一手资料，具有一定的学术价值和应用价值。

综观民族服饰研究状况，关于回族服饰研究尚属欠缺，针对北京回族服饰文化研究更是少有，《北京回族服饰文化研究》对探索现代都市中传承保护民族服饰文化、促进社会和谐建设，完善民族服饰研究都将起到积极作用。

在开展回族服饰文化研究之前，我对该领域知识的了解几乎是零。在完成上述两个研究项目的过程中，我查阅了大量相关文献资料，并从2006年开始与项目组成员张春佳老师和研究生林君慧、陶萌萌等一起陆续走访了甘肃的兰州、临夏，青海的西宁，宁夏的银川、吴忠，内蒙古的呼和浩特和新疆的伊犁、和田，以及北京的牛街、东四等回族聚居区，与回族群众、清真寺的阿訇、穆斯林服饰商店售货员、民族服饰企业老总、负责民族宗教事务的政府官员以及回族服饰文化研究人员进行了访谈，对回族服饰文化进行了比较广泛、深入的调研。可以说，我是边学习边研究。在汲取回族服饰文化的过程中，回族宗教人士和学者是我的老师，普通的回族民众是我的老师，甚至我的研究生也是我的老师。现在，研究项目结题了，成果得到专家的充分肯定并即将出版，但自己仍觉得对博大精深的回族服饰文化了解甚浅，今后还需继续努力学习。

《北京回族服饰文化研究》一书共分为三部分：第一部分为项目研究报告，撰写人是陶萌萌和郭平建；第二部分为回族服饰设计作品集，设计者为张春佳；第三部分为课题组成员所发表的相关前期研究、调研成果。前期相关研究成果为开展北京回族服饰文化研究打下了一定的基础，而回族服饰的设计与制作既是理论研究的实践，又为后期的成果开发应用提供了样品，可以说这三部分相辅相成，是一个有机的统一体。

借本研究成果付梓之际，我要感谢那些给予我和我的研究团队启迪、指导、支持和帮助的人们，他们是：原全国政协民族和宗教委员会主任钮茂生先生、中国伊斯兰教协会的原副会长马贤、原副会长兼秘书长余振贵、宁夏社会科学院的陶红研究员、上海师范大学的王建平教授、北京服装学院院长刘元风教授、北京市民族与宗教事务处的张献民先生、宁夏吴中市原民族宗教事务局丁秀华局长、青海省伊佳布哈拉集团有限公司韩阿乙草董事长、牛街街道办事处的杭颖女士、牛街礼拜寺管委会的韦主任以及许多回族居民，如刘乡老、洪乡老、陈乡老、秦老师（女）、孟老师（女）等人。他们有的给予我们研究灵感，有的给我们讲解民族宗教政策和伊斯兰服饰文化，有的指导我们回族服装设计，有的领我们参观清真寺和民族服饰企业，有的借给我们宝贵的资料，也有的接受我们的采访、帮助完成调查问卷，还有的讲述了自己穿着民族服装出席重要会议的亲身感受。他们的大力支持和热心帮助不仅使我们顺利完成研究任务，而且丰富了我们的知识，使我们对回族服饰文化有了更为深刻的理解。

一方面由于民族服饰文化的博大精深，另一方面由于我们对服装理论的把握以及对民族、宗教了解有限，我们对回族服饰文化的研究深度、广度还不够，有些地方还可能有不妥之处。敬请相关专家、学者和广大读者批评指正，以便我们在今后的研究中能对有关问题进一步深入探讨。

郭平建

2012年10月于北京

# 目 录

## 第一部分 北京回族服饰文化研究

## 第二部分 回族服装设计作品



## 第三部分 已发表的相关研究成果

# 第一部分

# 北京回族服饰文化研究

陶萌萌　郭平建／著

# 绪 论

服饰是人类创造的物质与非物质的综合体。著名的社会学家郑杭生先生曾写道："文化是与自然现象不同的人类社会活动的全部成果，它包括了人类所创造的一切物质与非物质的东西。"[①]服饰无疑是人类文化的一部分，而且扮演着重要的角色。

服饰的历史久远，最初多起源于人类的实用需求。时至今日，服饰已经不仅仅是保护身体不受到伤害的实用创造物，它也成为一种象征，渐渐在人类社会中形成一种规则，并建立起了一套符号系统，逐渐拥有了区分族群、民族和社会角色的重要社会功能。同时，"服装是一个窗口，透过这个窗口可以探究一种文化，因为服装清楚地承载着这种文化所必需的思想、观念和体系"（Linda B. Arthur, 1999）。中国有56个民族，每个民族的文化都是多元的中华文化中的一部分，各个民族的传统服饰构成了中华民族绚烂的服饰文化。这些民族服饰同时也是他们彼此相互区分的重要依据。改革开放之后，各地经济蓬勃发展，少数民族文化保护事业逐渐兴起，各民族的服饰文化之花相继绽放。随着我国城市化进程的加快，城市商业贸易的繁荣，文化资源的丰富，都市成为各少数民族寻求发展的平台和展现自己民族文化的舞台。北京作为全国的政治、文化、经济中心，吸引了全国各地的少数民族同胞来此学习与发展。各民族文化之间的相异性在大都市的城市化背景下变得愈加复杂，回族也不例外。

伊斯兰教是世界性的宗教之一，与佛教、基督教并称为世界三大宗教。进入21世纪，世界对伊斯兰文化逐渐重视，有很多的人参与对伊斯兰文化，

① 郑杭生：《社会学概论新修》，中国人民大学出版社，2003年，第67页。

以及对信仰伊斯兰教民族的研究中来。在这样的背景下，中国与伊斯兰教国家的关系也在不断加强，文化之间的交流不断扩大。2009 年 11 月 7 日，中国国务院总理温家宝在开罗阿盟总部以《尊重文明的多样性》为题发表演讲时说："伊斯兰文明和中华文明都是人类文明的瑰宝，都对人类社会的进步和发展有着不可磨灭的贡献。21 世纪，是经济全球化的世纪，也是多样文明大放光彩的世纪。拥有 13 亿人口的中国同拥有数亿人口的阿拉伯世界，都肩负着让古老文明焕发青春的神圣使命。"[①]这说明中国政府的高层已经在积极努力地促进与伊斯兰文化间的交流。2009 年 11 月 6 日晚在北京大学举行了题为"伊斯兰与儒家文明的对话——对 21 世纪人类困境的回应"的学者对话活动，并请到了当代新儒家学派的代表杜维明教授和世界著名伊斯兰哲学家赛义德·侯赛因·纳瑟（Seyyed Hossein Nasr）博士，针对全球化背景下传统文化和价值观念所面临的生存危机以及由此引发的一系列经济、政治、道德、环境、宗教等问题进行了深层次的探讨与交流。2009 年"中国—阿拉伯学者论坛"于 11 月 12—14 日在西安举行，世界穆斯林学者联盟主席优素福·格尔达维博士将他半个世纪以来倡导的中正论带到中国，希望让更多的人能够认识伊斯兰教。不论是在国内还是国际上，与伊斯兰文化以及伊斯兰民族之间的隔阂正在逐渐化解。在这样一个历史时期，研究回族服饰文化对回族文化的整体发展以及民族文化之间的交流，都具有积极的作用，尤其在城市化背景下，少数民族文化的发展更需要外界的了解和帮助。

回族是中国信仰伊斯兰教的 10 个少数民族之一，回族的形成与其他民族相比具有一定的特殊性。它是由多民族融合而成的一个民族，这其中包括了唐宋时期来自阿拉伯、波斯的穆斯林"蕃客"，也包括元时期开始进入中国的阿拉伯、波斯和中亚地区的民族，中国本土的汉族、蒙古族、维吾尔族等多个民族。[②]他们由于各种原因生活在一起，由于共同的信仰——伊斯兰教，最终在元末明初形成了一个以伊斯兰教为核心

① 资料来源：新华网 http://news.xinhuanet.com/world/2009-11/08/content_12407835.htm

② 李松茂：《回族史指南》，新疆人民出版社，1995 年，第 3 页。

的多族源的新民族——回族。国家最初在给回族下定义的时候，曾将回族描述为全民信奉伊斯兰教的民族。随着社会和文化的变迁，现在这样的描述对于界定回族已经不再那么准确了。即使如此，我们也无法否认伊斯兰教对回族的影响，这种影响渗透在回族生活中的方方面面，当然也包括回族的服饰文化。《古兰经》[①]中多处对穆斯林的着装做出了规定，并将其看做是对真主归顺的标志之一，因此回族的传统服饰带有浓厚的伊斯兰教色彩。由于历史文化以及现代文化的影响，回族在全国呈小聚居大分散状态，回族文化不仅与其他民族相异，而且其内部的民族文化也存在着差异，作为民族文化载体的民族传统服饰也将这种差异性表现无遗。

少数民族服饰方面的研究成果比较丰富，这些研究较多地关注我国少数民族聚居区的民族服饰，对都市中少数民族的研究又多集中于经济生活以及社区构建方面，但针对都市中少数民族服饰的研究却非常少。因此，加强对都市中少数民族服饰的研究，将有助于传承优秀民族服饰文化，拓展少数民族服饰文化在城市中的生存空间。

本研究参考了我国学者对北京回族以及回族服饰文化等方面的研究成果，同时借鉴美国服装学者服饰研究的方法，应用服装社会心理学等方面的理论，回顾了回族的发展史与回族服饰文化发展之间的关系，调研考察了北京回族服饰文化的现状，分析了影响北京回族服饰发展的客观因素，并重点从文化的角度分析了大文化圈和群体亚文化以及个体服饰心理对北京回族服饰文化发展的影响；尝试通过对北京回族服饰文化现状的总结及其发展趋势的预测，为北京回族服饰的研发提供一些参考意见，以期探索出一条都市少数民族服饰文化发展的新路径。在实际的调研中，运用了文献查阅、社会学的实地观察、访谈以及随机问卷调查的方法。

研究整个北京回族的服饰文化具有很大的挑战性。一是因为时间短；二是因为北京的回族身处北京这样一个文化的海洋中，民族融合现象非常普遍。因此在调查之初，不少人包括笔者在内都不知道北京回族是否具有自己的活动空间，是否还保留有自己的民族服饰文化。调研从 2007 年 10

① 本文引用的《古兰经》为马坚译本。

月开始，持续了两年之久。陶萌萌利用自己是回族的身份优势以及来自宁夏回族自治区的文化优势，为实地调研带来很多便利。

为了得到第一手资料，陶萌萌走访了包括回族著名学者、宗教人士以及北京和来京务工的回族在内的30余人，针对回族节日和北京回族服饰文化做了问卷调查，实地考察，参加了北京回族的葬礼、婚礼、传统节日以及群体文化的交流活动，在回族用品商店帮忙做服装柜台销售，以求从供求以及个体着装心理方面对北京回族服饰文化有进一步的了解。在调研中做了文字资料的记录，并拍摄了近千张照片。希望此研究对于完善我国的少数民族服饰文化理论，推动我国都市少数民族文化的研究和保护起到一定的积极作用。

# 第一章
# 回族服饰研究概况

美国新泽西州立大学的社会学教授戴维·波普诺在《社会学》（第十版）中对于“文化”的定义是：“文化是人类群体或社会的共享成果，这些共有产物不仅仅包括价值观、语言、知识，而且包括物质对象。”[①]显然，他将文化分成了物质文化与非物质文化两个方面。戴维·波普诺进一步指出：“人们也共享物质文化——物质对象的主体，它折射了非物质文化的意义。”[②]服饰是人们创造出来的物质，但它却折射了丰富的非物质文化意义。服饰作为物质的部分可以被保存在博物馆中供人们欣赏和回忆，可蕴涵在其中的非物质文化的部分，如审美取向等却会随着人们的生产和生活方式、穿着习惯等的改变而改变。因此我们才会急切地想研究服饰的非物质文化的部分。

杨淑媛在《民族服饰文化散论》中这样解释民族服饰——“民族服饰是一个民族族类群体的外在标志，是这个民族物质文化、精神文化的外显符号，又是这个民族的民族性格、民族心理与气质的外化形态。”[③]地球上生活着各种各样的民族，他们有各自不同的民族文化，也有自己丰富多彩的民族服饰。

回族是我国人口众多的少数民族 。有关回族的研究已有悠久的历史，但回族服饰文化的研究只是近些年的事，这与我国整体服饰文化研究开展得晚有关。其中，陶红等的《回族服饰文化》[④]是唯一的一本专门论述回族服饰文化的专著。作者对回族服饰文化进行了专题的、多视角研究。书

---

① [美]戴维·波普诺著，李强等译：《社会学》（第十版），中国人民大学出版社，1999年，第63页。
② [美]戴维·波普诺著，李强等译：《社会学》（第十版），中国人民大学出版社，1999年，第63页。
③ 杨淑媛：《民族服饰文化散论》，载《贵州金筑大学学报》（综合版）2001年第6期。
④ 陶红、白洁、任薇娜：《回族服饰文化》，宁夏人民出版社，2003年。

中介绍了回族服饰文化的历史演变，阐述了回族服饰的世俗性、宗教性以及现状，从形式上把回族服饰分为男子头饰、女子头饰、主体服饰（衣与裤）、足饰与配饰，并对服饰的穿着场合与作用进行了说明。书中还对婚礼服饰、丧葬服饰、表演服饰与校服进行了专题论述，其他民族的服饰文化对回族服饰文化的影响以及回族服饰文化的审美特征和社会价值也进行了一定深度的探讨，最后对回族服饰文化的发展进行了展望。该书是在长期调研与大量资料的积累基础上写成的，所以配有丰富的图片。不过从研究内容范围来看，书中内容主要是针对西北的回族服饰文化，对全国其他地方的回族服饰文化涉及极少。能查阅到的其他有关回族服饰研究的文献有：白世业、陶红、白洁的《试论回族服饰文化》[①]，论述了回族服饰文化中的宗教因素和回族服饰文化的民俗审美特点；刘军的《伊斯兰教与回族服饰文化》[②]，主要谈了伊斯兰教对回族服饰文化的影响、伊斯兰教影响回族服饰文化的主要途径与方式，以及回族服饰中传统服饰文化的传承发展的保障三个方面；周立人的《伊斯兰服饰文化与中西服饰文化之比较》[③]，虽然没有专门针对回族的服饰进行论述，但是在大文化圈的概念下对伊斯兰服饰文化、中国服饰文化以及西方服饰文化进行了对比研究和论述。另外，在其他的关于回族文化的著作中也涉及回族服饰文化，例如王正伟的《回族民俗学概论》[④]中，第七章就专门论述了“回族的服饰习俗”；杨启辰、杨华主编的《中国穆斯林的礼仪礼俗文化》[⑤]一书中，也对“回族的服饰礼仪”进行了概述。

随着国家经济的发展，回族也逐渐加入了“城市化”的进程，现今都市回族占全部回族人口的比例逐渐上升。有关都市回族的研究已开展了一些，多偏向于社区现状的分析和社区建设的探讨，很少涉及都市中的回族服饰文化，不过这些文献对于进行回族服饰文化研究也有一定的参考价值。有关都市回族的研究有：高占福的《大都市回族社区的历史变迁——北京

① 白世业、陶红、白洁：《试论回族服饰文化》，载《回族研究》2000 年第 1 期。

② 刘军：《伊斯兰教影响与回族服饰文化》，载《黑龙江民族丛刊》2005 年第 4 期。

③ 周立人：《伊斯兰服饰文化与中西服饰文化之比较》，载《回族研究》2007 年第 4 期。

④ 王正伟：《回族民俗学概论》，宁夏人民出版社，1999 年。

⑤ 杨启辰、杨华：《中国穆斯林的礼仪礼俗文化》，宁夏人民出版社，1999 年。

牛街今昔谈》[①]，讲述了牛街作为北京回族社区文化代表在都市背景下的文化变迁；良警宇的《牛街：一个城市回族社区的变迁》[②]，描述了北京牛街这一回族社区在时代背景下是如何变化、民族文化是如何维系的以及文化传承的现实问题；周传斌、杨文笔的《城市化进程中少数民族的宗教适应机制探讨——以中国都市回族伊斯兰教为例》[③]，以北京回族社区的结构变迁为个案，探讨了更为普遍性的中国都市回族社会结构的范式问题：社会结构的产生、延续以及变迁；裴圣愚的《城市民族社区建设研究——以湖北省襄樊市友谊街回族社区为例》[④]，侧重于政策研究；张娴的硕士论文《城市回族社区的社区服务》[⑤]，则针对回族社区的社区服务，探讨了回族经济、文化以及社区服务之间的关系，并提出了相应的解决方式；马强的博士论文《流动的精神社区——人类学视野下的广州穆斯林哲玛提研究》[⑥]，则是从精神社区的视角出发，通过对广州穆斯林群体的研究（主要指回族），向读者展示了大城市中少数民族精神社区的存在形式以及少数民族文化存在的依据和艰难前行的现状；杨文炯的《城市界面下的回族传统文化与现代化》[⑦]，针对兰州、银川、西宁和西安的回族社区进行了个案研究。他在城市的宏观生态背景下分析了西北城市回族社区的不同层面的变迁，提出面对城市的挑战，以文化自觉的方式实现自身传统的现代化是城市回族穆斯林发展之路。而他的另一篇学术论文《Jamaat[⑧]地缘变迁及其文化影响——以兰州市回族穆斯林族群社区调查为个案》[⑨]，也论述的是回

---

① 高占福：《大都市回族社区的历史变迁——北京牛街今昔谈》，载《回族研究》，2007年第2期。

② 良警宇：《牛街：一个城市回族社区的变迁》，中央民族大学出版社，2006年。

③ 周传斌、杨文笔：《城市化进程中的少数民族的宗教适应机制探讨——以中国都市回族伊斯兰教为例》，载《西北第二民族学院学报》（哲学社会科学版）2008年第2期。

④ 裴圣愚：《城市民族社区建设研究——以湖北省襄樊市友谊街回族社区为例》，载《襄樊职业技术学院学报》2007年第5期。

⑤ 张娴：《城市回族社区的社区服务》，华中师范大学硕士论文，2006年。

⑥ 马强：《流动的精神社区——人类学视野下的广州穆斯林哲玛提研究》，中国社会科学出版社，2006年。

⑦ 杨文炯：《城市界面下的回族传统文化与现代化》，载《回族研究》2004年第1期。

⑧ 哲玛提：回族人对自己的以清真寺为中心的聚居区的称谓，哲玛提（Jamaat），阿拉伯的意义的"聚集、集体、团结、共同体"等。

⑨ 杨文炯：《Jamaat地缘变迁及其文化影响——以兰州市回族穆斯林族群社区调查为个案》，载《回族研究》2001年第2期。

族社区变迁对文化的影响。马寿荣对昆明市顺城街回族社区研究的三篇文章分别涉及了《都市化过程中民族社区经济活动的变迁》[①]、《都市回族社区的文化变迁》[②]和《都市民族社区的宗教生活与文化认同》[③]三个方面。

关于北京回族社区的研究少，针对北京回族服饰文化的研究就更少了。查阅的资料显示，有关北京回族的服饰文化只是在刘东升、刘盛林的《北京牛街》[④]一书中零散提到过。良警宇的《牛街：一个城市回族社区的变迁》[⑤]在对牛街回族社区的文化进行案例描写时，也只是在谈及婚俗的时候涉及了服饰方面。纳静安的硕士学位论文《北京回族女性的文化传承与变迁——以北京牛街李家为个案》[⑥]中，通过个案的采访也提及了一些北京回族服饰文化的现状。对北京回族服饰文化进行专门论述是本项目的前期成果：郭平建等所发表的《北京牛街回族妇女服饰的变迁及发展趋势》[⑦]一文，以及林君慧的硕士学位论文《北京牛街回族妇女服饰文化及其发展趋势研究》[⑧]，这两篇文章为全面、深入研究北京回族服饰文化奠定了良好基础。

本课题从伊斯兰文化、中国传统文化与回族服饰，回族历史回顾与北京回族，北京回族服饰现状调查，北京回族服饰文化的融合与嬗变，北京回族服饰文化的发展趋势，开发北京回族服饰的价值及其可行性等六个方面探讨了现代城市化背景下北京回族服饰文化发展的历史、现状以及未来，旨在传承保护民族服饰、促进民族服饰文化研究的深入开展和首都特色民族服饰文化的建设。

---

① 马寿荣：《都市化过程中民族社区经济活动的变迁——昆明市顺城回族社区的个案研究》，载《云南民族学院学报》（哲学社会科学版）2003 年第 6 期。

② 马寿荣：《都市回族社区的文化变迁——以昆明市顺城街回族社区为例》，载《回族研究》2003 年第 4 期。

③ 马寿荣：《都市民族社区的宗教生活与文化认同——昆明顺城街回族社区调查》，载《思想战线》2003 年第 4 期。

④ 刘东升、刘盛林：《北京牛街》，北京出版社，1990 年。

⑤ 良警宇：《牛街：一个城市回族社区的变迁》，中央民族大学出版社，2006 年。

⑥ ［泰］纳静安：《北京回族女性的文化传承与变迁——以北京牛街李家为个案》，北京外国语大学硕士论文，2005 年。

⑦ 郭平建、林君慧、张春佳：《北京牛街回族妇女服饰的变迁及发展趋势》，载《内蒙古师范大学学报》（哲学社会科学版）2007 年第 5 期。

⑧ 林君慧：《北京牛街回族妇女服饰文化及其发展趋势研究》，北京服装学院硕士论文，2007 年。

# 第二章
# 伊斯兰文化、中国传统文化与回族服饰

服饰文化是人类创造的文化体系中的一部分。关于服饰起源的观点不少，常见的有保护说、羞耻说还有装饰说。不论人类服饰的起源如何，服饰作为人的创造物无疑都拥有实用、装饰、识别以及象征等功能，这些功能都是服饰中所特有的社会属性的体现。服饰拥有的这些功能与人类文明密切相关，这使它在成为人类创造的物质的同时，也成为人类精神文化的一部分。就像本研究开头所说，它是人类所创造的物质与非物质的综合体。由于中国回族的主要宗教信仰是伊斯兰教，回族的服饰文化深受伊斯兰文化影响，因此研究回族服饰文化就离不开对伊斯兰文化的探讨。

## （一）伊斯兰的美学

伊斯兰教产生于 7 世纪的阿拉伯半岛。由于政治、经济、文化和军事等各种原因，伊斯兰教传播到世界各地。在伊斯兰教产生之初，就注定了伊斯兰教文化与伊斯兰民族文化的不可分性，“伊斯兰教既是一种信仰，也是一种生活方式，一整套文化和制度体系，它从各个方面对遵守者都有明确的规范和要求。”[①]伊斯兰教始终规范着信徒个人乃至整个民族的思想、社会生活以及日常生活。不难想象，信仰伊斯兰教的民族的宗教文化与他们的民族文化在很大程度上是重合的，而作为文化的一部分的民族服饰，同样受到了他们所信仰的宗教文化的深刻影响。

---

① 马强：《流动的精神社区——人类学视野下的广州穆斯林哲玛提研究》，中国社会科学出版社，2006 年，第 335 页。

如今服饰已经在很大程度上被认可为“准艺术品”，服饰的设计已然是“艺术创作”，服饰的艺术性已经被大众广泛接受。人们通过对自身以及社会的思考与实践，在把服饰变成文化的物质载体的同时也逐步将其转变成一种非物质文化。正是由于民族服饰丰富的文化内涵，使它成为民族文化中无法代替的重要部分，在审美价值上也同样有着无法取代的地位。

民族服饰文化能够表现出鲜明的民族以及地区的特征，不仅仅是因为受到自然环境的影响，也受到包含诸如道德在内的社会属性的影响，其中审美价值是影响服饰文化的代表性因素。深受伊斯兰文化影响的回族民族服饰，所体现的正是伊斯兰文化的美学观念。

伊斯兰美学是人类美学体系中不可或缺的部分，也是伊斯兰思想中极为重要的组成部分。伊斯兰的美学与其教义有紧密的联系。“伊斯兰美学所涉及的领域是很广泛的。它涵盖了信仰学、伦理学、宇宙观、人生观、科学观、艺术观等内容”。①周立人将这种美学思想概括为“和谐美、中正美和人性美”。这是对伊斯兰美学的准确概括。

1. 和谐美

伊斯兰美学根源于“认主独一”的宇宙观，穆斯林认为整个宇宙以及存在于其中的万物都是由真主安拉所创造。“他在六日之中创造了天地万物”②，“安拉对于万事是全能的”③，虽然安拉并没有确定的、存在的形态，其自身却是美的最高体现。在伊斯兰教的教义中，安拉在创造世间万物的同时也将美的属性注入其中，赋予了万物美的内在，而这些万物也无处不在地体现着美。因此，“不断追求和发现事物内在的美及其意义，并由此体悟安拉的存在，从而坚定自己的信仰，是每一个穆斯林的天职”。④

伊斯兰文化讲求的是统一性原则。“这一原理要求人类在人与安拉之间，人与人之间以及人的精神世界和物质世界之间建立和谐统一的关

① 周立人：《《伊斯兰服饰文化与中西服饰文化之比较》，载《回族研究》2007年第4期。

② 引自《古兰经》十一章第七段。

③ 引自《古兰经》四十六章第三十三段。

④ 周立人：《伊斯兰服饰文化与中西服饰文化之比较》，载《回族研究》2007年第4期。

系准则，一种互动关联的、欢愉而向上的美的宏观结构。”①

这种和谐统一的关系准则体现在服饰文化上，则表现为一种精神上的追求及对内在和谐美的追求，在提升个人内在信仰、理性的和知性的美的同时讲求精神与物质的统一，精神与行动的统一，在信仰的持久性与服饰之间建立起了紧密的联系，从而使得伊斯兰服饰文化具有更强的传承性。

2. 中正美

中正之美是伊斯兰美学的另一个核心内容。《古兰经》中说：“我（安拉）这样以你们为中正的民族，以便你们作证世人，而使者作证你们。”②伊斯兰教主张中和、适中的原则，在这方面与中国的传统文化中的核心思想有着相似性。中国有“过犹不及”的说法，而伊斯兰教也强调，不可以不及，也不可过。伊斯兰教不论是在对教义、教法的理解，还是在待人接物，甚至在战争以及衣食住行中都强调中正的原则，尤其反对偏激的思想和行为。

《古兰经》中有很多这样的表述，对于宗教行为的要求是“你在拜中不要高声朗诵，也不要低声默读，你应当寻求一条适中的道路。”③对日常行为则要求“既不挥霍，又不吝啬，谨守中道。”④在饮食行为上，《古兰经》是这样规定的“信道的人们啊！真主已准许你们享受的佳美食物，你们不要把它当作禁物，你们不要过分。真主确不喜爱过分的人。”⑤

从以上引用的《古兰经》中的章节可以看出，伊斯兰教所要求的中正之美正是人与社会、环境的合理关系。肯定了人的基本需求，但也告诫人们控制自己的欲求，尤其对物质的欲求。人的欲望是没有限度的，而自然能够提供的资源毕竟是有限的，尤其在阿拉伯那样自然资源匮乏的地区。这样一个中正美的原则，成功地缓和了人与环境的矛盾，合理处理了人与

① 周立人：《伊斯兰服饰文化与中西服饰文化之比较》，载《回族研究》2007 年第 4 期。
② 引自《古兰经》二章第一百四十三段。
③ 引自《古兰经》十七章第一百一十段。
④ 引自《古兰经》二十五章第六十七段。
⑤ 引自《古兰经》五章第八十八段。

人以及人与环境的关系，同时也控制了人的欲望，使人合理有序地在有限的自然环境中生存，保证人类社会的长久发展。

这一中正美的原则同样体现在伊斯兰的服饰文化中。《古兰经》要求人们在做礼拜的时候穿着要合适，不主张彼此攀比，对富裕的人来说要穿着合适，不可以穿着过度装饰的服装，对穷人来说只要穿戴自己家中最好的衣服就可以。不论穿着什么样的服装，洁净却是必须的，也许这就是为什么白色会成为穆斯林最喜欢的颜色之一的原因。由于穆斯林每天都要做五次礼拜，这种中正的穿着理念通过日常生活升华成为一种服饰上的审美。

3. 人性美

《古兰经》中说“你应当趋向正教，（并谨守）真主所赋予人的本性。真主所创造的，是不容变更的。”[①] 这是伊斯兰美学的第三个核心内容即人性美。伊斯兰教认为，人性美是真主赋予的。这种人性美的内涵包括很多：行善、坚忍、求知、奋斗、自律、节制、团结、诚实、守信、谦虚、清洁卫生，等等。这些都是伊斯兰所崇尚的人性美，在《古兰经》中随处可见，例如，“能以自己的财物和个人生命为主道而奋斗的人，这等人，确是诚实的”。[②] 这告诉人们诚实是美德。“你们绝不能获得全善，直到你们分舍自己所爱的事物。你们所施舍的，无论是什么，确是真主所知道的”。[③] 这告诫人们要懂得分享和施舍。“你们当中又有一部分人，导人于至善，并劝善戒恶；这等人，确是成功的”。[④]这劝告人们要行善。上述人性美的行为中“求知”也是非常重要的，因为只有求知方可启迪心灵、令人智慧，才能够充实自己，为人类的幸福做出贡献，实现自己的价值。值得指出的是，伊斯兰教认为男女受教育的权利是平等的，甚至鼓励妇女受教育，因为伊斯兰教充分考虑到妇女所肩负的教育下一代的责任。伊斯兰教鼓励人们追求智慧，追求人性完美，并且唾弃那些拜物、拜金、拜偶像的人，认为这些人的人性会

---

① 引自《古兰经》三十章第三十段。
② 引自《古兰经》四十九章第十五段。
③ 引自《古兰经》三章第九十二段。
④ 引自《古兰经》三章第一百零四段。

因为他们的行为而扭曲甚至丑化。“他以智慧赋予他所意欲的人；谁禀赋智慧，谁确已获得许多福利。唯有理智的人，才会觉悟”。①

也正是因为伊斯兰教对人的内在人性美的重视，所以作为文化的外在的物质体现——伊斯兰教服饰，更多地讲究简单而洁净的穿衣风格，更多地注重服饰的实用性，而非沉溺于物质的享受和对外表奢华的追捧。

从以上的分析看，伊斯兰美学是建立在它的哲学思想基础之上，建立在“认主独一”的宗教信仰审美观上。它巧妙地将宗教理念与现实生活融合在一起，将宗教哲学与宗教美学贯穿在人们的日常生活与行为之中。因此，对信仰伊斯兰教的人来说，《古兰经》不仅仅是作为思想向导的一部宗教经典，更是一部法律，还是人们生活行为的指导。它让这三种美相辅相成，相互关联，形成了一种人与人、人与社会、人与自然之间的合理关系，从而达到建立和维持和谐的社会环境的目的。现代社会学中也有类似的论述：“功能主义的视角强调社会的每一个部分都对总体发生作用，由此维持了社会稳定……像身体的各个部分（比如四肢、心脏、大脑）一样，社会的构成部分（比如家庭、商业机构、政府）以系统的方式结合在一起，对整体发挥着很好的作用。每一部分也帮助维持着平衡状态，这也是系统平稳运转所必须的。”②而伊斯兰教正是要规范社会每一个部分，使社会中各个不同的部分合理组合，最终维持社会稳定、和谐发展。

### （二）伊斯兰教文化、中国传统文化与回族服饰

中国的宗教是多元的，这样多元宗教文化相互借鉴又求同存异，进而形成了中华民族文化中的有机而又复杂的成分。在中华民族文化的统摄下，各种外来宗教与中国的宗教和平相处，共同影响着中国民族文化的发展。伊斯兰教就是这众多外来宗教之一。

伊斯兰教文化对信仰者在日常生活上产生了广泛而深刻的影响，且具有很强的稳定性。在伊斯兰文化的影响下，不论是宗教服饰还是与之相关

---

① 引自《古兰经》二章第二百六十九段。

② ［美］戴维·波普诺著，李强等译：《社会学》（第十版），中国人民大学出版社，1999年，第18页。

的民族服饰，都具有很强的传承性。大部分穆斯林都生长在单一的伊斯兰文化圈中，对于他们来说宗教和民族是不分离的，他们的信仰更是“与生俱来”的，宗教规范了其生活，因此，宗教文化对于他们来说是民族文化的重要组成部分，更是一种生活方式。民族服饰与宗教服饰对于他们来说是合而为一，阿拉伯地区信仰伊斯兰教的国家无不如此。

然而我国的穆斯林生存环境却是另一番景象。在中国，宗教与民族并不是完全重合的。虽然中国的穆斯林有自己的社区，但仍然生活在中华文化这个大的文化圈中。中国传统文化的核心是儒家文化，与之相关的宗教虽然有道教，但是其影响力远远不及外来宗教。中国传统文化在对外来宗教表现出非常宽容的同时，又以自己主流文化的强势地位影响和改变着外来宗教。因此，中国的伊斯兰教文化在中国传统文化的环境中发展的同时也在不断改变自己，由此形成了中国伊斯兰教宗教文化与民族文化相互影响又相互分离的现象，而两者分离的程度，与受到中国核心文化影响的程度有关。

在中国传统文化的大环境下，伊斯兰教在中国的传播“不是教义教理的传播，不是依靠教义思想征服群众，主要是依靠信教者自身细胞的增殖来扩展信仰世界”。①伊斯兰教注重人性的回归，重视今世但更向往后世，虽然这与中国的儒家思想的注重今世，讲求人世之间的关系以及以君主为依托的思想相悖，但是由于伊斯兰教具有相当的吸收性与开放性，所以其在中国的发展过程中既能主动适应中国传统文化的环境，也同时能保持伊斯兰宗教文化的特质。明末清初的“以儒诠经”②活动，就是伊斯兰教主动适应中国文化环境的表现之一。“以儒诠经”可以说是《古兰经》的汉语译著活动。“以东土之汉文，展天房之奥义”，也就是借用儒家思想来解释伊斯兰文化。例如，当时的中国穆斯林学者曾将伊斯兰教的先知穆罕

① 纳麒：《传统与现代的整合》，云南大学出版社，2001年，第56页。

② 对明清之际穆斯林学者用宋明理学阐释伊斯兰教经籍的称谓。亦称“用儒释教”。明末清初江南与 云南等地有一批穆斯林宗教学者，既通晓伊斯兰教教义，谙熟阿拉伯文、波斯文，又熟读儒家典籍，兼及佛、道各家义理。他们以阿拉伯文、波斯文的伊斯兰教经籍为蓝本，吸取中国宋明理学的思想，运用儒家学说的概念、范畴、语词与表述方式，著书立说，解释经籍，宣扬伊斯兰教教义，故有此称。http://www.hudong.com/

默德与儒家文化的代表孔子相提并论，并称孔丘是东方圣人，而穆罕默德则是西方圣人。两个人都受命于天，可是使命不同：穆罕默德传布“天道”，引导人们要皈依安拉；孔丘则传布“人道”，教导人们要克己复礼。

实际上，伊斯兰教文化与中国传统文化之间有不少相似之处，这也为“以儒诠经”提供了可能性。李振中在《论中国回族及其文化》①中提及的“和平”、“统一”以及“韧性”是这两种文化相互影响、相互融合、能够并存的重要特质。

第一，中国传统文化中“和平”的思想占有极为重要的地位。在中国传统文化中，这一主导思想随处可见。例如，中国多建城墙，目的都是为了防御；而“国泰民安”、“太平盛世”更是历代帝王建国兴业所追求的目标。对和平的维护及追求是中国传统文化中的一条根本原则。“伊斯兰教是和平的宗教，是尊重天性和顺其自然的宗教。它教人以和平和善意待人，人要诚信，要宽容等。阿拉伯伊斯兰文化也充分体现了这种和平精神和思想。”②

第二，追求统一的思想也是伊斯兰教文化与中国传统文化的相似之处。中国五千年的辉煌历史，正是建立在“统一的文化”这一基础之上。虽然中国的历史上也出现过分裂时期，但统一的政权和社会是中国历史的主流。中国国家的统一正是建立在从秦始皇就已经开始的文化统一的基础之上。伊斯兰教文化的统一，一方面是指对伊斯兰教的宗教信仰是统一的，另一方面则是指使用的语言——阿拉伯语也是统一的。宗教信仰的统一和语言的统一是伊斯兰教统一文化的主要特征。“所以有些阿拉伯学者认为，阿拉伯的统一性首先体现在文化统一性，而不是阿拉伯国家和社会的统一政治领导。”③

第三，中国文化和伊斯兰教文化都具有很强的文化韧性。中国文化具有很强的承受力以及同化力，不论是对本土的不同民族文化的融合能力，还是对外来文化的接受能力都极强，这也是中国文化统一性的体现。伊斯

---

① 李振中：《论中国回族及其文化》，载《回族研究》2006年第4期，第31–38页。
② 李振中：《论中国回族及其文化》，载《回族研究》2006年第4期，第34页。
③ 李振中：《论中国回族及其文化》，载《回族研究》2006年第4期，第34页。

兰教文化对各种文化的渗透能力和包容能力以及识别能力也很强。“伊斯兰文化是阿拉伯帝国各民族共同缔造的文化，它是一个开放的体系。它兼收并蓄，广泛继承了阿拉伯、波斯、印度、希腊古典文化，把东西文化熔为一炉。伊斯兰文化不是古代文化的机械组合，而是一个新的创造，在这个创造过程中，各种古代文化被融合为一种新文化，以伊斯兰文化出现，这个新文化在各个方面都有自己的特点。”①

第四，中国传统文化与伊斯兰教文化在对人性的理解上也有相似性，中国传统的人文思想是以人为本的，而人又以道德为本，道德以诚信为本。从中国的经典以及古训中都能看出中国人重视个人的道德、品质以及修为，一个人只有自己的修为达到了一定的境界，才能够品行端正，才能去用实际行动影响别人，才能够去要求别人，管理别人，最终才可能“治国平天下”。伊斯兰教文化中强调人性的重要性，这与中国传统文化极为相似。它要求人们不要在乎那么多的外表修饰，而要注重人性、人内心的丰富，将寻求知识作为一种美德。由这点来看，伊斯兰教文化与中国传统文化都追求人性的完善，都注重人的道德伦理，都具有内敛性。

无独有偶，这种内敛的文化性质都体现在伊斯兰服饰文化和中国传统服饰文化中。由于中国古代服装一般都不讲求身体的形状，样式宽松，多属于平面裁剪，这与中国儒家文化审美中强调内涵的思想不谋而合。所以，汉族服饰以及受儒家文化影响的少数民族服饰中，符合伊斯兰教“教义”和审美的那部分特征，就容易被回族借用，成为一种可以被回族社区周边民族认同、又有利于保护其自身宗教以及民族文化认同的服饰特征。

受伊斯兰文化与中华传统文化的双重影响，身处中国儒家文化之中的回族保留了伊斯兰教文化中精神的与核心的部分，逐渐去除了与文化传承无关紧要，以及与中国传统文化相异的一些部分。这一缓慢的、让人不易感知的、经历了数世纪的文化融合，让中国回族的伊斯兰教文化与中国传统文化最终形成了相对和谐的关系，并形成了现在被普遍认同的回族传统服饰。因此可以说，回族服饰文化既受到伊斯兰教文化的影响，也受到中

---

① 杨怀中、余振贵：《伊斯兰与中国文化》，宁夏人民出版社，1988 年。

国传统文化的影响。

### （三）伊斯兰服饰的伦理标准

伊斯兰服饰文化对回族服饰文化的影响主要来源于伊斯兰服饰伦理标准。伊斯兰教从维持社会稳定、和谐发展的基本点出发，在经济、政治、宗教、文化等各方面规范着信仰者的日常生活和行为，当然也包括穿着行为。《古兰经》中有关服饰的经典必被用来作为伦理标准。

“阿丹的子孙阿！绝不要让恶魔考验你们。犹如他把你们的始祖父母的衣服脱下，而揭示他们自己的阴部，然后把他俩诱出乐园。”[①]

该经典显示，伊斯兰教关于衣服的起源说带有浓郁的“宗教”性质。同时这也是一条规定，是为了约束“人性”、维护道德伦理，并且将其作为生活准则，严格置于世俗生活之中，赋予服饰以“道德”的属性。伊斯兰服饰是以伊斯兰教教义为根本价值观，这种价值取向统摄了服饰的文化、着装心理以及审美取向等各要素。因此，在伊斯兰教服饰中“伦理标准”是第一位的，也可以说是伊斯兰教服饰的基本特征。

根据《古兰经》，穿衣服通常是为了遮盖羞体[②]、御寒和装饰。御寒与装饰是人的基本需求，而遮盖羞体在伦理上具有非常重要的意义，是服饰“伦理标准”中最重要的一条。遮盖羞体是区别人与动物的重要外在标志，也是文明的，更是符合礼貌的美德。

伊斯兰教反对挥霍浪费，反对奢侈豪华。伊斯兰教并不反对人们穿讲究的服饰，不否定衣着的装饰作用，相反地认为适当讲究衣着能够体现高尚的信仰境界和品质情操。但是服饰的装饰首先要以遮盖羞体为前提。穆罕默德说过：“你们无论是谁，如果宽裕的话，除了工作的衣服以外，应当为聚礼日准备两套衣服”（艾卜·达伍德所传圣训）。但是伊斯兰教的审美哲学中所重视的“中正美”，又从另一方面对人们的衣着装饰予以限制。“阿丹的子孙啊！每逢礼拜，你们必须穿着服饰。你们应当吃，应当喝，

---

① 引自《古兰经》七章第二十七段。

② 羞体：伊斯兰教中指男性肚脐以下；女性除手和脸，其他身体部位都属于羞体范围之内。

但不要过分，真主确是不喜欢过分者的。”[①]在这一原则下，伊斯兰教禁止穆斯林穿戴有名气和骄矜性的服饰。因为“真主是不喜爱一切傲慢者、矜夸者的。”[②]

伊斯兰教禁止异性之间相互模仿。在伊斯兰教文化中，男性被认为是刚勇的，刚勇成为男人的特质，而爱美则是女人的天性。男子被要求保持自己的刚勇，不能有软弱的表现，所以男子不适宜穿着精美的服饰。女子则可以佩戴纯金的饰品，穿戴精美的服饰，这照顾到了女性爱美的天性，充分考虑到了性别所具有的特质，体现的是一种“公平”而非绝对的“平等”。但是《古兰经》也告诫妇女，“叫她们不要用力踏足，使人得知她们所隐藏的首饰。”[③]也要求妇女不要打扮得花枝招展去故意吸引别人的注意，要穿着让人尊敬的服装，不能暴露身体或者表现傲慢和自我放纵。

世界上信仰伊斯兰教的民族非常多，在“禁止异性相互模仿”这一禁忌上各个民族都略有不同。有的民族要求妇女不能穿裤子，认为裤装是男性的服饰；而有的则认为女性不能穿裙子，否则有放纵的嫌疑。笔者在新疆调研时所见维吾尔族女子虽然也穿裙子，但都是长裙，不论天气炎热与否，裙子里面都会另加一条裤子，裙子在这里成为一种装饰，也可以说是一种区分性别的标志。而西北的回族则坚持女性不穿裙子，尤其在进入清真寺的时候，更不能穿裙子。

另外，伊斯兰教还禁止妇女穿着透明的、半透明的衣服，所以“纱”成为伊斯兰服饰中很少采用的材料。同时伊斯兰教也不接受只遮盖身体某些部位的衣服，对于有意突出人体形态的服饰更是严格禁止，认为这样的服饰会降低妇女高贵的人格，从而造成社会的不稳定。需要强调的是，从伊斯兰教经典中看，这种不稳定不是源于女性对男性的诱惑，而是错在服饰、错在男性缺乏控制力。显而易见，伊斯兰教有关服饰的禁忌，仍然是出于道德伦理的考虑。

还有戴假发、修饰以及涂抹色彩，在伊斯兰教中也是忌讳的。此规定

---

① 引自《古兰经》七章第三十一段。

② 引自《古兰经》五十七章第二十三段。

③ 引自《古兰经》二十四章第三十一段。

并非来自《古兰经》，而是来自《圣训》。这个禁忌主要源于戴假发、修饰以及涂抹颜料均属于“伪造”，均属于“欺骗”。而伪造与欺骗在伊斯兰教中是被禁止的，尤其在日常经济活动中。由此可见，这种伦理规范已然延伸到了对于日常服饰和行为的规范中。

综上所述，在伊斯兰文化中服饰的艺术必须以其含有的“伦理观念”为前提。凡是与伊斯兰服饰伦理标准相违背的，不仅不美，而且非常的丑陋，是道德伦理所不能接受的。需要指出的是，伊斯兰教在服饰上的种种规定并非只针对女性，同样严格规定了男性的穿戴，关于这点会在后文中做进一步解说。不论是对女性还是男性，这些服饰上的禁忌，其意义在于从穿戴上规矩人的行为，引导人们趋善，并在服饰中追求中正美与人性美，最终要达到的是一种世界的、社会的和谐美。

# 第三章 回族历史回顾与北京回族

回族的历史就是一个伊斯兰文化与中国传统文化融合的过程，也是伊斯兰文化逐渐中国化的过程。

“文化是历史发展的产物，是人类在社会前进过程中所创造的物质财富和精神财富的概括、总结和提高，人类的历史也就是人类的文明或文化发展史。文化的发展与各民族的生活方式、生产方式、伦理道德、价值观念和行为品德诸多方面，有着密切的关系，也与它所处的时代和地域紧密联系在一起，与各民族的宗教信仰和思维方式紧密联系在一起。”① 伊斯兰教传入中国以后是如何发展的，我们只能从那些历史事件的片段中去寻找。这些历史事件在一定程度上能够折射出民族文化的融合过程。北京自元代以来就一直是中国政治、经济、文化中心，回族的族源也可以追溯到唐代，经元代、明代而逐渐形成确定的民族。北京的特殊地位以及文化的影响对回族的形成功不可没。北京历史上政治、经济、文化等方面的变迁，都牵动着生活在这一地区的回族同胞们，北京的历史更是深深蕴涵在这里的回族文化之中。

## （一）新中国成立之前

### 1. 唐代

伊斯兰教传入中国的确切时间并没有准确的记载，中外学者对此也都说法不一。能够确定的是，“中国在唐朝永徽二年与大食通使之前，信仰

---

① 李振中：《论中国回族及其文化》，载《回族研究》2006 年第 4 期。

伊斯兰教的阿拉伯半岛的穆斯林已经在唐朝贞观初年就在中国活动了。”①

当形成回族最重要部分的第一批信仰伊斯兰的先民进入中国时，大唐帝国正处在其鼎盛时期，而且是当时亚洲的政治、经济、文化中心。它以宽容的态度接纳了来自异域的客人。“从唐永徽二年到南宋末年，在将近600多年的时间里，大食派遣使者来华达到47次之多。”②唐宋时期，这些被称为番客的异国人士，基本都是围寺而居。这样的居住方式成为中国穆斯林民族的居住方式，一直延续到现在。

在这样的居住方式下番客与其他民族、其他群体之间始终都保持着一定的距离。虽然这种生活方式得到了统治者的认可，可是伊斯兰文化从开始进入中国时就被定义为异域文化，甚至予以“特殊照顾”。异域的习俗很容易被认可，但是接受文化深处的理念却不是朝夕之间的事。这些“番客”的穿戴在当时成为流行，可流行毕竟只是一种短暂的出于好奇心理，不足以改变中国传统的服饰文化。也不排除有一部分人开始随之皈依伊斯兰教，采用了同样的穿戴。但是这时候穆斯林的活动范围并不广泛，西安和广州是他们活动比较频繁的地区。在长期的贸易交往过程中，这些来自阿拉伯地区的穆斯林自然而然地将伊斯兰教传入中国。由于当时北京地区还不是全国的经济、文化和政治中心，伊斯兰教文化的影响还无法波及那里。直到元代在北京建都，伊斯兰文化才进入北京地区。

2. 元代

元代是北京历史上极为重要的朝代，也是中国伊斯兰教形成与发展的重要时期。由于元代蒙古大军的西征，在征服中亚地区的同时，伊斯兰教也随着穆斯林大规模迁移到中国，在更广泛的地域传播。也正是在这个时期，伊斯兰教进入了北京地区，而且逐渐在那里生根发芽。

由于穆斯林在征战中立下了显赫的战功，所以其政治地位仅次于蒙古人。这些来自中亚、西亚的穆斯林与来自西域、东欧的其他民族的人被统

---

① 佟洵：《伊斯兰教与北京清真寺文化》，中央民族大学出版社，2003年，第128页。
② 佟洵：《伊斯兰教与北京清真寺文化》，中央民族大学出版社，2003年，第131页。

称为“色目人”。随着北京成为元朝的首都，它便成了这些色目人聚居的一个重要中心。

元在征战的同时也打通了东西交通的要道，所以除了元朝初期来中国的穆斯林外，在元朝统一之后，还有数以万计的穆斯林来到中国。元朝对外奉行的是开放的政策，在“兼容并蓄”的宗教政策基础上，对伊斯兰教实行了“恩威相济”的原则。无疑元代的伊斯兰教与元代之前、之后的朝代相比地位最高、影响力最大。元朝政府甚至下诏书，允许在华的穆斯林正式入籍。于是从那个时候开始，东迁而来的穆斯林和在元朝疆域中成长的穆斯林，就已经成为元朝的臣民，成为中华民族大家庭中的一员，这也促成了元代“回回遍天下”的局面。据彭年的研究，元世祖中统四年(1263)，大都有回回 2593 户，若以每户 5 人计，当时大都约有回回 12965 人，占大都总人口的十分之一。①

元朝的政策对伊斯兰教在中国的发展客观上起到了推动的作用，这是无可厚非的。但毕竟元皇室所信仰的是佛教中的“喇嘛教”，只因为穆斯林在军事、经济、文化方面的杰出才干，为元统治者赏识，才兼容并蓄地略施优厚而已。所以元对伊斯兰文化的宽容是相对的也是有限的。对反抗蒙古统治的行为是决不容许的，同时也有以行政命令的手段干预穆斯林风俗习惯的做法。据《元史》记载：元世祖至元十六年（1279）十二月，忽必烈曾经对穆斯林说：“彼吾奴也，饮食敢不随我朝呼？”由于伊斯兰教反对偶像崇拜及丧葬习俗等方面的原因，几乎没有图像和考古资料来考证当时的穆斯林服饰，但由于当时的穆斯林包含着许多民族，且长期与汉族以及其他少数民族交融、联姻，并世代定居繁衍后代，服饰上必定是丰富多彩的。

3. 明代

元代末期的民族压迫以及阶级压迫的政策，导致人民生活在水深火热之中，由此引发了各民族的起义。元末明初，穆斯林们追随朱元璋参加了

① 彭年：《浅说北京的伊斯兰教》，载《回族研究》2001 年第 2 期。

反元的农民起义，并立下了卓越的战功。因此，反元的口号“驱除胡虏、恢复中华”，虽然彰显了抗御外族统治的政治方针，而明朝政府仍然给予穆斯林一定的社会地位。正是在这一朝代更替的过程中，长期定居中国的穆斯林，逐渐形成了共同的民族意识。也正是这样的特殊环境促成了回族的形成。但是对待伊斯兰教，明朝政府采取了与元朝不同的政策。“统治者将穆斯林视作一支不可忽视的力量，一方面对穆斯林的伊斯兰教信仰予以尊重，另一方面又想方设法引导穆斯林接受中国传统文化的思想而使其民族宗教意识逐渐淡化，来实现使信仰伊斯兰教的穆斯林融合到汉族社会中去的目的。”① 这与元朝的政策完全不同，在元朝，民族融合是一个主动的、自然的过程，而到了明朝，在政府积极的政策推动下，民族融合在很大程度上是一个被动的、人为的过程。

其一，洪武三年（1370）四月甲子。“诏禁蒙古、色目人更易姓氏。曰：天生斯民，族属姓氏，各有本源。古之圣王尤重之，所以别婚姻，重本始，以厚民俗也。朕起布衣，定群雄，为天下主，已尝诏告天下，蒙古、诸色人等皆吾赤子，果有材能，一体擢用。比闻入仕之后，或多更姓名，朕虑岁久其子孙相传，昧其本源，诚非先王致谨氏族之道，中书省其告谕之，如已更易者，听其改正。”②

其二，洪武七年（1374 年）制定与颁行的《大明律》之《户律》规定：“凡蒙古、色目人听与中国人为婚姻，不许本类自相嫁娶。违者杖八十，男、女入宫为奴。其中国人不愿与回回、钦察为婚姻者，听从本类自相嫁娶，不在禁限。”③

从上面两段史料，可以对明朝的民族政策窥知一二。前者反映出元末明初穆斯林改取汉姓非常普遍，而明政府对此比较重视，怕这些“异族”改姓之后再也查不到。也可以看出在元末明初的时候，外来的穆斯林和中国本土的居民之间的民族融合已经达到了一定程度，以至于从面相上已经不容易区分了，而且服饰上也多半比较相近，否则不可能令明朝统治者产

① 佟洵：《伊斯兰教与北京清真寺文化》，中央民族大学出版社，2003 年，第 151 页。
② 姜立勋、富丽、罗志发：《北京的宗教》，天津古籍出版社，1995 年，第 209 页。
③ 姜立勋、富丽、罗志发：《北京的宗教》，天津古籍出版社，1995 年，第 209 页。

生这样的疑虑。而后者则能够看出明政府所实行的强行民族融合政策，多半也是恐怕他们聚集滋事。

在服饰上明朝也做了规定。明初，明太祖就下诏："衣冠悉如唐代制。"至此从元朝开始进入中国的大部分带有伊斯兰文化色彩的服饰随着对辽、金、元服饰的禁令而被禁止。回族的服饰当然也被波及。前文也提到过，伊斯兰教文化对中国服饰的影响是从唐代开始的。既然衣冠恢复唐制，而早在唐代就已经被接受并广泛穿着的带有伊斯兰文化色彩的"帷帽"，就因为回族宗教信仰以及民族心理的需要而被采用并保留下来。由于没有确切的记载，我们只能推断，这种"帷帽"也许就是现代回族妇女服饰中"盖头"的由来。在这一次的民族融合过程中，回族文化的外在形式开始淡化，加之伊斯兰教重"人性美"的理念，使得回族服装在能够接受的范围内，保留了信仰的符号。同时汉族改信伊斯兰教的情况也日益增多，成为回族的民族组成上又一重要来源。但是这部分人在相貌、习俗等各方面都与汉人相同，在服饰上更是如此。从明朝开始的"闭关锁国"的外交政策，封闭了回族与国外穆斯林的交往，自唐代就进入中国的伊斯兰教加快了中国化步伐。

4. 清代

清代国内政局的巨大震荡，回族的小聚居大分散的居住格局，使它深深地陷入中国儒家文化之中。清前期的民族政策是"德足绥怀，威足临制"。对伊斯兰教则采取了"齐其政而不易其俗"的方针，回族可以"沿用回教历书；判断诉讼，引用教规，不从政府法令……回族不着清朝服饰"，等等。

雍正七年四月的谕回民诏书："……是以回民有礼拜寺之名，有衣服文字之别，只要从俗从宜，各安其息，殊非作奸犯科，惑世诬民者比，则回民之有教无庸其置议也……"①

署理安徽按察使鲁国华曾奏称："……平日早晚皆戴白帽，设立礼拜清真等寺名色。不知供奉何神……伊等既为圣世之民，应遵一统之正朔，

① 傅统先：《中国回族史》，宁夏人民出版社，2000年，第26页。

服朝廷之衣冠，岂容私记岁月，混戴白帽，作此违制异服之事。请令回民遵奉正朔、服制，一应礼拜等寺，进行禁革……戴白帽者以违制律定拟……”而对此，朝廷的回应则是：“……回民何尝不遵服制，而只以其便用巾冠，即加以不遵服制之罪……”①

由于文化隔阂而产生了民族之间的偏见和误解，所以才有以上的史料中清政府对回族民俗方面给予的辩解。前者说明当时的回族在宗教信仰等多方面与汉族相异，而且在服饰上也有所区别。而后者则说明了当时处于中原地区的回族在服饰上已经与汉族无异，也只是在头饰上仍有区别。“据回族学者刘智在康熙四十九年（1710）记载，当时回族的衣服以棉、丝、麻、葛、裘制成，但丝、裘只有贵族可以穿戴，平民只能穿素布。袖口也不超过一尺。男子不能用金银装饰，不得穿红色、紫色等色彩艳丽的服装，只有妇女与贵族可以用金银首饰。”② 这也只提及了回族服饰的材料，对服饰的形制并没做过多的描述。

伊斯兰教在中国传播期间，历代政府都对其采取了较为宽容的政策，虽然对其民俗方面有过一些干预，但是对于其信仰的伊斯兰教教义从未有过极端的排斥。当然这也和伊斯兰教不强调传教有关。直到明清伊斯兰教才出现了明显的“以儒诠经”的趋势。一个民族的文化形成并非一蹴而就。在漫长的岁月中，在与中国传统儒家文化的磨合中，中国的伊斯兰教以儒家文化的礼俗制度生活而又坚持伊斯兰信仰，逐渐成为中国化的伊斯兰教，也逐渐形成了以中国化的伊斯兰教为基础的回族文化。

5. 民国

民国时期可谓是北京伊斯兰教的快速发展时期。仅仅 30 多年，北京就当之无愧地成为中国伊斯兰教的一大中心。宗教思想得以发扬，教育事业得以推进，学术以及国际交往也与明清时期完全不一样。北京信仰伊斯兰教的回族也随着时代的变化而变化。

但是在物质文化层面，回族的民族文化毕竟几近消失，祖上所留下的

---

① 傅统先：《中国回族史》，宁夏人民出版社，2000 年，第 78-79 页。

② 戴平：《中国民族服饰文化研究》，上海人民出版社，1994 年，第 132 页 。

只是那些宗教精神、民族精神。所以在民族文化复兴的过程中，能够得到复兴的只有那些精神的东西，而物质文化却无从追忆，能看到的也只是一些图片的零星记载。

在哈佛大学的档案馆中珍藏了当时美国传教士 Pickens Jr., Rev. Claude L. (1900—1985) 在 1934—1936 年间来中国拍摄的有关当时中国伊斯兰教的照片。他在去世之后将这些照片捐给了哈佛大学，让现代人得以在西方人记录的影像中去寻找当时的回族民俗的些许记忆。其中有几张关于北京的穆斯林的照片，为我们追述民国时期北京回族服饰提供了珍贵的资料。

图 1 这是摄影师在北京拍摄的所有照片中，唯一有女性出现的图片。摄影师对照片的描述中标注了这是北京的穆斯林，但是从着装来看似乎有些出入。此图仅作为当时女性服饰的一个参考。

图 2　根据摄影师记录，这是在 1936 北京的一个清真寺旁边拍摄的照片。照片中的男子的穿着就是当时回族的服饰。

图 3 这是在光绪三十四年（公元 1908 年）拍摄的照片，当时的王宽大阿訇在牛街礼拜寺东后院（今天牛街民族小学）利用东大厅后南北各五间，又建了教室数间，创办“第一两等小学堂”。此照片正是当时“两等小学堂”开学典礼的情景。可以看到当时不少人已经穿着制服，也有很多人戴着戴斯塔尔。可见当时的回族民族服饰文化的氛围还是较好的。

图 4 在照片中可以看到，除了几个人的帽饰还有宗教或者是民族文化的痕迹，在主体服饰上与当时的汉族没有任何区别。他们有一个共同点，那就是都戴帽子且帽子基本都是无沿的样式。由于照片是黑白的，我们无法看出帽子的颜色，都是深色是可以确定的。

英国传教士马歇尔·布鲁姆霍尔的《中国伊斯兰教——一个被忽视的问题》[①]一书当中，有几张当时北京牛街礼拜寺的照片，其中一张是几名穆斯林的合影（见图4）。

照片上只是当时成年男子的服饰，由于伊斯兰教反对偶像崇拜，可以推断当时北京的回族对拍照可能比较反感。所以，关于这个时期的回族妇女服饰、儿童服饰的图片记载很难找到。

## （二）新中国成立之后

在第一次民族识别工作中，回族成为首先被确认的少数民族之一。这对回族民族内部的认同感提升起到了很大的作用，与此同时，其他民族对回族的认同与理解也日渐增强。国家宗教信仰自由的方针政策，使回族穆斯林信仰的正当权利得到了尊重和保护，回族的民族文化发展走向繁荣。1953年，中国伊斯兰教协会在北京正式成立。其后，北京地区的北京伊斯兰教协会也建立起来。到1955年，中国伊斯兰教经学院在北京成立。这之后北京的回族一直生活在相对平静的文化氛围之中，这一平静期一直延续到“文化大革命”的十年动乱前。十年动乱期间，经书被焚、清真寺被封闭或者被拆毁，宗教人士以及乡老变成了斗争对象，甚至回族的饮食、丧葬、民族节日等习俗也被列为封建迷信之类。20世纪70年代以来，回族的发展环境和空间得到扩展，回族缺乏族群自我表述的文化特点受到了整个族群的关注。无论是在汉语文化方面，还是在科技文化学习方面，甚至是在宗教理论、宗教哲学等各个方面，大量回族自己的著作和研究成果问世。尤其在宗教伦理方面，从明代开始的闭关锁国的外交政策，使得回族自身的文化尤其宗教文化无法与伊斯兰教世界交流。但是在“文化大革命”过后，回族开始积极地向伊斯兰世界文化学习，用自己的方式来表达整个族群的民族意识。回族的文化再次拥有了宽松的发展空间。进入21世纪，“回族以儒家文化的礼俗制度生活而又坚持伊斯兰信仰的心理特点，在新时期全球化的世界大背景中成为文明对话的良好典型。这一心理特点

① [英]马歇尔·布鲁姆霍尔:《中国伊斯兰教——一个被忽视的问题》(内部参考学术资料)，1910年。

一方面使回族吸收着双重文化背景积极的养分，另一方面也使两种文化通过这一族群而相互传递，加强交流，促进文明对话。”①

## （三）北京回族文化的特点

北京从元代至今一直是中国的政治中心与文化中心，最先而且直接受国家对民族文化、经济的政策影响。对于回族这个长居北京的少数民族也不例外。北京回族文化的特点是由北京历史上以及今日非同一般的政治地位和文化环境所形成的。

第一，北京回族文化在政治生活中具有民族文化的代表性。北京人“政治”上的地区意识、对政治的敏感度在全国都是位居榜首的，北京的回族也不例外。在采访以及平日生活中，笔者都不只一次听到类似的表述。由于北京的重要地位，使得北京的回族较其他地方的回族具有更强的参与政治、参与国家建设的意识，尤其“老北京”的热衷度相对更高。同时，北京地区的回族具有更强的“民族意识表达”的意愿。

时任中国伊斯兰教协会副会长兼秘书长余振贵先生在接受采访时说：“北京是一个首善之区，在这种地方的人当然就具有首善之区的意识。这里的回族比其他地方的回族有更多的机会参加公众活动、社区活动、政府活动、涉外活动，等等。而这些都是需要显示他们的代表性的场合。这时他们所穿着的服装就要求比较考究，档次也比较高。类似于北京市政协会议上，回族同胞们就会非常注意穿着。此时身份和角色就决定了其穿着。再比如，国家民委召开古尔邦节、开斋节座谈会的时候，各少数民族的穿着都是非常有自己的特色。”这些都是北京作为首善之区对北京回族服饰文化的深刻影响。

第二，北京回族文化具有民族文化的多样性。北京既是历代文化中心，也是儒家文化最浓厚的地区。深处中国儒家文化腹地的回族，自其文化形成之初，儒家文化的影响就一直伴随着它的成长。时至今日，中国传统儒家文化的影响也未曾消失过。今日北京的文化环境前所未有的复杂。从国内各地区的文化来看，北京的文化中心地位也是很明显的。由于历史的原因，回族

① 马婷：《回族历史上的五次移民潮及其对回族族群的影响》，载《回族研究》2004 年第 2 期。

在中国的分布非常的广泛，而各地的回族又由于周边民族的影响，在统一的回族文化的范围内存在不小的差异。笔者在调查中发现，有不少全国各地的穆斯林少数民族不远万里来北京学习、工作甚至定居。当然回族也在其中，各个地区的回族文化在北京聚合，使得现代北京的回族文化非常多样化。

第三，北京回族文化具有对外文化交流性。北京是对外文化交流的中心。从国际关系和国际文化交流来看，北京由于是全国的文化中心，肩负着对外文化交流的担子，是外来文化进入中国的重要窗口。除了官方的文化交流外，民间的文化交流也在这个大都市的背景下生机盎然。世界伊斯兰文化在对外文化交流的过程中，必定会对回族文化的发展产生影响。而且对外交流尤其对伊斯兰国家文化的学习在民国之前就一直被北京回族所重视。而今每年的“朝覲”更被看做是文化交流的重要部分。在一定程度上，北京的回族已成为中国与阿拉伯国家文化交流的情感纽带。

第四，北京回族文化受城市化影响大。北京是一个现代化的大都市。在改革开放中，随着中国经济实力的增强，北京在各个方面都可谓是迅猛发展。北京除了是政治中心以外，也是中国重要的经济中心之一。经济上突飞猛进的发展，使得北京成为具有中国传统文化底蕴的现代化大都市。经济基础决定上层建筑，经济生产方式的变化改变了人们生活的方式，随之改变的还有百姓的文化思维方式。现代北京的回族生存在这个现代化的大都市中，经济生产方式已经从仅限于“屠宰业”扩展到了整个社会的各个方面，也学习到了更多的科学知识，不论是接受新事物的能力还是对“非传统”事物的容忍度都在改变。

第五，北京回族服饰文化消失得比较快。北京是中国历代的政治中心。所谓的“皇城根”、“天子脚下”就是在说北京的政治地位。这里也是中央权力最集中的地方。在儒家求稳定、求和平的思想指导之下，任何与儒家文化基本内容相悖的“风吹草动”都会被及时遏止。这在以上所述伊斯兰教在中国发展的过程中显而易见，历代政府对于伊斯兰教发展都是“蜜糖加大棒”的政策。换句话说，只要“归顺”，就会给予相对尊重。而且，每朝的统治者都在逐渐地缩减他们的“宽容”政策。长期生存于这样复杂的政治环境中，回族不得不采取逐渐和汉族趋同的方式，来保全自己最低限度的文化生活需要，外显的服饰文化逐渐消失也就不足为奇了。

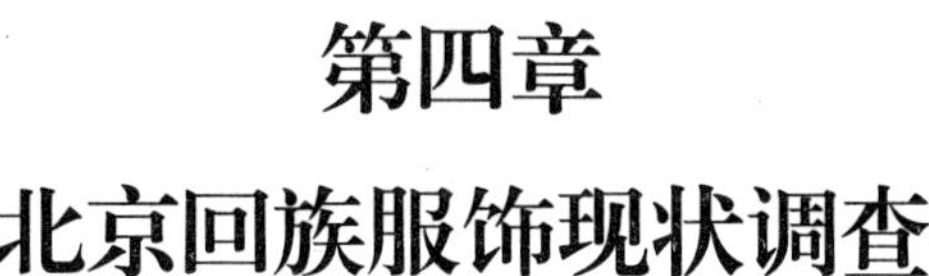

# 第四章 北京回族服饰现状调查

北京的回族有不少来自全国各地，外来的回族由于生活环境的差异，与北京本地的回族在民族服饰文化上有一定的差异。考虑到北京回族复杂的组成，此研究中将现在生活、工作在北京的回族都囊括在考察范围内，但偏重于北京本地的回族。这样有利于分析族群内部不同文化群体对服饰文化的影响。

服饰是人类创造出来的物质文化。按照TPO原则，[①]人们在不同的时间、地点和场合都需要穿着不同的服饰，这就赋予服饰以不同的意义，使服饰可以作为一种非语言的视觉符号用来交流。服饰中所包含的文化内涵与服饰的实际穿着场合是分不开的，穿着场合改变，用途也会改变，从而直接影响人们对服饰的认知，影响服饰文化的变迁。鉴于北京回族服饰文化的复杂性、多样性，对于北京回族服饰现状的调查，主要根据“穿着场合”将其分为节日服饰、礼仪服饰、丧葬服饰、宗教服饰和日常服饰五大类来进行。

## （一）民族节日服饰

北京的回族是生活在大都市中的少数民族，相对于整个城市的主体文化，回族的民族文化只是“亚文化”。在城市里人们现在习惯于用饮食上的差异来区分回族与其他民族，说明人们已经很难从日常服饰上区分出回族了。一般来说只有在过开斋节、古尔邦节以及圣纪节的时候，或者是社区活动、小范围的集体活动中，还仍然能够感受到回族服饰文化的存在。每年过开斋节的时候，北京会对牛街进行交通管制，可以在牛街的大街上看到穿着各式各样的民族服装的人。但绝大多数人没有穿着民族服装。而

① TPO：是现代服饰的一种穿着原则，是Time，Place和Occasion三个英文单词的首字母缩写，分别指：时间、地点和场合。

在北京其他的清真寺，则没有牛街这般热闹的过节场景，穿着民族服装的人就更少了。

项目组在北京开斋节和古尔邦节期间随机调查过一些穿着民族服装的回族以及没有穿着民族服装的回族。

接受调查的共 41 人，35 人是回族，6 人是汉族。35 名回族中 18 人戴白帽子、戴盖头，17 人则没有穿着任何民族服装。首先我们来看一下这 18 人的着装情况。这 18 人中只有 7 人穿着宽松的外套或者是长衫，7 人中 5 人的穿着明显都是平日商场出售的“成衣”，只是比较符合宗教规定。另外 2 人所穿的不太一样，一位为男性，穿着灰色的大褂，一位是女性，所穿的是纯白色的褂子，服装样式与西北地区的回族服饰有些类似。上述 18 人除去这 7 人，剩下的 11 人只是戴白帽或者盖头，主体服饰既没有民族特征，也没有宗教特征。甚至有一位回族女同胞头上戴着盖头，下面却穿着高跟靴子和紧身裤。当问及穿戴民族服饰的原因时，在穿戴民族服饰的 18 人中，有 10 个人表示“一会儿要参加礼拜”，8 人则表示“今天过节，节日要穿民族服装，才有过节的气氛。” 35 位回族里没有穿戴民族服饰的 17 人中，有 10 人表示“带那个觉得别扭”，4 人说：“我不做礼拜，没有必要戴”，还有 3 人明确表示“我不信伊斯兰教”。(见附录二图 5 至图 7)

从以上随机调查的数据中可以看出，将近一半的回族，在其观念中，回族传统服装中宗教的属性更加强烈。同时还发现北京回族中普遍接受了民族与宗教分离的观念。北京本地的回族较西北或西南地区的回族在宗教信仰程度上要低一些，甚至有很大一部分北京本地回族不再过开斋节和古尔邦节。在接受随机抽样调查的 35 名回族同胞中，有半数以上至少在 2 代以内才开始定居北京。因此，以上的调查只能分析出北京回族对其服饰文化所持有的态度和观念，而无法确定其是否代表了大多数人的意见。

这里需要补充说明一下，那 6 名接受调查的汉族，基本都认为“回族现在不穿戴民族服饰比较可惜，本民族的文化还是需要坚持的。”但是如果在日常生活中穿戴的话，即便是很熟悉的朋友，也会令他们觉得不舒服。甚至有一位汉族朋友开玩笑地说:“平时如果这样穿戴我会觉得他很神秘。”虽然只是一句玩笑话，但是仍然能够看出，在一些汉族人的眼里，只有在民族节日的时候，盖头、白帽、长袍、大褂这种穿着的民族性才被想起，而在日常生活中，这样的穿戴首先传达的是宗教信息，而非民族身份的信息。(见附录二图 8、图 9)

### （二）礼仪服饰

民族服饰文化在其发展的历史过程中，不断增加着社会文化功能。其中的礼仪性功能，是各民族服饰文化中普遍存在的现象。礼仪对于一个民族来说具有非常重要的作用，这里的礼仪与我们一般生活中的“礼仪”是不同的。每个民族都有针对人一生中重要的时刻而设定的特殊礼仪活动。例如，汉族曾经就有“成人礼”，其礼仪的蓝本就是《周礼》。在《周礼》中对于服饰、用具都有明确的规定，甚至连礼仪的过程都有详细的规定。回族对礼仪也比较重视，在结婚等这样生命中重要的时刻，都会有相应的礼仪活动。这不仅会对个人的人生历程产生非常重要的影响，也会无形中加深民族身份的认同感，同时也是民族文化传承的重要方式。受到伊斯兰教的影响，回族的礼仪服饰也体现了宗教特征。因此，民族与宗教的特征都集中体现在了盖头和帽子上。北京的回族服饰中的礼仪服饰主要穿着在参加礼仪活动的主要成员身上，如婚礼服饰，结婚的当事人穿着的服饰具有较浓郁的民族文化特色，而婚礼上嘉宾的服饰则较少具有民族特点。

#### 1. 婚礼服

婚姻是组成家庭的先决条件，家庭又是社会的组成细胞，它是整个社会的基础。婚姻标志着一个人即将进入人生的另一个阶段，建立自己的家庭，承担民族繁衍的义务和更多的社会责任。伊斯兰教认为婚姻是人生的一件大事，是穆斯林一生当中一件积极的义务，是真主赐予人类的一种恩典。在伊斯兰教中，婚姻是“尔格代”①，也就是一种缔约。中国的回族在举行婚礼前，要由阿訇依据教法规定主持婚礼，首先征得男女双方表示其婚姻为自愿结合，有两名证婚人在场作证，并取得双方家长允许，之后

① 阿拉伯语音译。

正式宣布婚姻有效。结婚时，要用阿拉伯语念“尼卡哈”[①]并写“伊扎布”[②]结婚证书，并交纳一定的聘礼（《古兰经》中规定）。此时穆斯林男女的婚姻关系才为符合教法规定的有效婚姻。生活在当今中国，回族婚姻在遵照《古兰经》、圣训，到清真寺里请阿訇举行以上的仪式，以求得宗教上的“合法”性的同时，还必须遵守《中华人民共和国婚姻法》领取“结婚证书”，这样才是真正的合法婚姻。根据我们向一些清真寺了解，在北京地区不少回族仍然在遵从这样的仪式。其中一部分是男女双方都拥有较好的家庭教育并继承了较好的民族文化和宗教文化传统的回族，而还有不少男女是因为一方比较传统，而另一方受到影响而遵从这样的仪式。这种现象说明北京的回族中，存在着民族传统文化回归的倾向。

**（1）宗教婚礼的穿着**

在写“伊扎布”这个过程中，男女双方的服饰基本上随自己的喜好，但前提是要遵守《古兰经》中对服饰的规定。接受我们采访的杨阿訇说：“不少人来写‘伊扎布’的时候都是穿平时的衣服，男方会戴白帽，而女方都是戴盖头，女方的服装都是要遮住羞体的。长袖是必须的。但是毕竟结婚是很重要的事情，所以穿戴‘整洁’是很重要的。我见过穿着租的那种婚礼服来的，也有直接在婚宴上写（伊扎布）的。但是总体上来说穿着已经跟西北地区差别比较大，毕竟是在大城市里面嘛。”

笔者曾经被邀请拍摄一个朋友女儿写“伊扎布”的整个过程。男女双方是通过父母介绍认识的。女方家来自宁夏，一方面因为父亲曾经是阿訇，另一方面母亲的教门[③]很好，所以女孩的信仰坚定而虔诚。男方父母是北京人，通过清真寺的事务与女方父亲相识，受到女方父母的影响，对伊斯兰教和民族风俗比较重视。(见附录二图 10、图 11）

女方对这个仪式很重视，穿戴的服饰是自己精心挑选的—— 一身白底蓝花的衣服，搭配粉色盖头和一双蓝格子的布鞋。她告诉笔者：“我觉得

---

① 音译，类似于证婚词，念“尼卡哈”是一项圣行，是在宣布两个人的婚礼合法（教法）。

② 音译，逐渐成为回族特有的常用词汇，回族一般直接称整个宗教婚礼的过程为写“伊扎布”。

③ 教门：指宗教信仰虔诚程度。

还是素雅一点的比较好看。”她父母的穿着都比较讲究，遵从了《古兰经》对服饰的要求，长衫长褂，白帽盖头。男方一家都是北京本地的回族，他们的白帽和盖头都是当天临时买的，已经完全没有穿戴民族服饰的习惯，对于帽子、盖头的戴法都不了解，也很不习惯。男方家长在与笔者聊天的时候表示“我们希望阿里（儿子的经名）能够跟着她（儿媳）多学学，不要因为我们这一代不知道，而荒废了对自己民族知识的学习。当然我们也要多向儿媳妇学学。”男方母亲在挑选盖头的时候告诉笔者“要是让我一个人在大街上这样打扮，我可能还真会觉得不舒服，但是现在（指与儿媳妇和儿媳妇家人在一起）虽然觉得有点不习惯，但是没有不舒服的感觉”。从她说话的神情中能够看出些许新鲜感。

从这个案例中能够看到群体文化环境会影响个体的文化倾向。北京有不少回族受到周边朋友的影响开始穿戴民族服饰，学习民族文化。这也是伊斯兰文化重要的传播方式。

**（2）世俗婚礼的穿着**

北京的回族在婚礼服饰的选择上是随着社会环境的变化而变迁的。在林君慧（2007）的硕士论文《北京回族妇女服饰文化及其发展趋势研究》中曾对牛街的回族妇女婚礼服饰的变迁做过梳理。良警宇在《牛街：一个城市回民社区的形成与演变》中也记录了一个老人 1948 年结婚时的嫁妆和所穿的服装：“我那会有大珠子花，两个金戒指……一个手表，一副银的包金镯子，两对镯子，四个嵌子（耳环）……四个戒指……真正的碧玺石头，一个绿的，一个粉的……八件衣裳，一个呢子大衣，一个绿色外衣，一个皮袄，一身小夹袄夹裤，缎子面的。皮袄也是缎子面，毛冲里，大襟。一个衬绒袄，一身里面穿的衣服，一个单褂子，四季都有了，八件。不算自个的。自个也得做，做的缎子面的鞋，都是我自个做的。头上戴大花，跟唱戏的丑似的……坐轿子，没盖头。是块透亮的长纱，披两边，中间聚成一朵大白花。那时候我穿男方给的衣裳，第二天穿自个的衣服，陪嫁的衣服回门……”①

① 良警宇:《牛街: 一个城市回民社区的形成与演变》,中央民族大学出版社,2006年,第220–221页。

而今北京回族的婚礼服也在随着时代发展而变化，在调查中就了解到市场上有专门租赁穆斯林婚礼服的公司。女性的婚礼外衣样式多为对襟，采用不透明的纱质，里面一般配有裤装，头巾依然是服饰中强调的文化符号，整体都是比较宽松的，也有一些相对紧身的，都是长款。还有类似西式婚纱的样式，只是在肩膀、脖子和手臂部分的设计上是全部覆盖的。回族信仰伊斯兰教，所以崇尚绿色和白色，所以很多人认为能够代表回族的服饰必然有这两种色彩元素。但是西北地区的回族早就有结婚时穿红色衣服的情况，这无疑是受到中国传统文化中尚红影响的产物。清末时期北京的回族就在穿与汉族相近的服饰结婚。所以红色实际上是回族在结婚时常用的颜色。(见附录二图 12、图 13)

笔者在回族同胞家看过一段中国回族与马来西亚穆斯林举行婚礼时的录像。男女双方的婚礼服都是马来西亚的民族服饰。由此可见，社会环境对服饰心理的影响。有位热心的乡老给笔者看了 3 段北京回族结婚的视频资料。其中的男性都穿着白衬衫和西服，西服也选用黑色，不同于汉族的是要戴白帽子。女性的穿着却各不相同，有戴盖头、身着具有回族韵味的新款婚礼服的，也有穿西式婚纱的，还有穿旗袍的。而在写“伊扎布”的时候，穿着的服饰都还是符合宗教审美的。参加婚礼的亲戚和朋友中，除了证婚的阿訇以及少数几位年龄比较大的乡老穿戴具有回族特点的白衫白帽以外，其他人的穿着与汉族相差无几。

### 2. 毕业服

这里说的毕业服，不是传统学校学生毕业时穿着的服饰，而是特指在清真寺接受经堂教育的学生在学业结束时的穿着。这种被称为“穿衣”[①]或挂幛的仪式，是回族伊斯兰教经堂学校学生毕业仪式的称谓，即授予作阿訇的资格，回族俗称“穿衣”。穿衣的仪式一般是在开斋节、古尔邦节或圣纪节的时候举行。接受经堂教育的都是男性，所以“穿衣”仪式中的

---

① 穿衣，源于伊斯兰教，传说穆罕默德曾经为赴也门传教的圣门弟子墨阿子送行，并将自己穿的绿袍赐给他，如同自己亲自去传教一样，以示重任，后来把此举列为“圣行”留传下来。所以现在回族给经堂学生“穿衣”，有“替穆圣传教”的含义。

服饰是一种男性服饰。戴“戴斯塔尔”，穿白色长褂，是比较常见的着装式样。长褂一般会选用白色，也有灰色的。这其中会有人选择马来西亚服饰或者是沙特阿拉伯服饰。这种服饰宗教氛围浓烈，体现出宗教文化的认同和精神回归的强烈倾向。

### （三）丧葬服饰

丧葬制度能够很好体现一个民族的世界观。伊斯兰教相信末日审判，相信人去世后并非生命的毁灭，而是到真主那里复命归真。所以回族忌讳用“死”，而是将人死称为“无常”或者“归真”。回族的丧葬制度严格遵守伊斯兰教的相关规定，是回族文化中与宗教联系最为紧密的，最不易改变的部分。“回族的丧葬服饰可以分为孝服和殓服两个部分，孝服是生者为了悼念亡者而穿着的服饰。”①殓服则是指亡者穿着的服饰。

受伊斯兰教的影响，所有穆斯林的殓服都是一样的。回族称殓服为“克番”，由于是音译，也有地方称作“卡凡”。笔者发现族外人有这样一个误传，认为回族“无常”的时候用一块白布一裹就行了。实际上回族给亡人准备“克番”是有规范的，“回族亡人用以缠身的殓服的布料约三丈六尺。布料的颜色必须是白色的；不论贫富贵贱，一律选用白棉布、白漂布或者白市布。先知穆罕默德曾经说过：‘安拉最喜欢白色布，生者着白衣，死者用白布做卡凡。’”②

纳国昌在《回族的丧葬制度》一文中写道：“伊斯兰教传入中国，年代久远，穆斯林与非穆斯林群众广泛接触，频繁交往，某种程度上接受汉族习俗，甚至逐渐‘汉化’，应是必然现象。回族穆斯林处于汉族社会的汪洋大海中，久而久之，伊斯兰教丧葬中渗入不少‘汉化’习俗成分，约定俗成，尽管违反原教旨，但不致影响根本信仰，而且教律因地因时，经常变达。” 他引用了马瑜忱在《齐化门上下坡之风俗教门》中对北京地区的回族丧葬的描写：“‘亲子妻媳一律服斩哀的孝衣。’按亲疏规定，分

---

① 陶红、白洁、任薇娜：《回族服饰文化》，宁夏人民出版社，2003 年，第 82 页。
② 陶红、白洁、任薇娜：《回族服饰文化》，宁夏人民出版社，2003 年，第 84 页。

别致送，各有一定尺寸，‘一律用以整匹布报孝，远亲，远本家都是半疋布……出埋台（指遗体）之日，是凡接到孝布至亲，或穿孝服而来，男人戴孝，女人包头，皆由孝家预备。’”①

为了了解现代北京回族丧葬的情况，笔者联系了位于北京市宣武区牛街小寺街的北京市宣武区回民殡葬管理处，亲自观察了一次北京回族丧葬的全过程。

亡者的朋友杨乡老为笔者解说了整个丧葬的过程：我们回族不论是帝王将相、平民百姓一律都是清水洗白布包，没有任何的随葬品。都是采取“洗、穿、站、埋”四个程序。洗，给亡人洗最后一个“大净”②。（有举义的叫做大净，否则就是洗澡）要流动的水，按照穆斯林的规矩洗干净，并且浴亡人的应该是与亡人同性的亲属。洗完后穿上克番，这就是“穿”。克番男女有别，男三件，“大卧单”、“小卧单”和“格米素”；女五件，多“裹胸”和“盖头”两件。穿好克番后放入“塔布”——装亡人遗体的木匣。放在众人的西边。在阿訇带领下，大家排成至少三行，面向西，站“者那则”③，这叫做“站”。一般来说是合着礼拜的时间一起做，礼拜的时候要跪，鞠躬，叩头，但是这时不需要。(见附录二图 14、图 15）最好够四十个人，越多越好，少了也无所谓。站“者那则”这个仪式非常简短，要念赞主、赞圣词，还要为亡者和生者求赦：“真主啊！求你饶恕我们中的生者与亡者，在场者与不在场者，少者与老者以及男人与女人吧！……”（用阿拉伯语念）。参加葬礼的人都是亡人的亲友和周围的穆斯林，他们也要有大小净，所穿衣服鞋袜要干净，否则，会被认为是对亡者的不恭。另外，在站“者那则”之前众人会围成一个圈“传炉”，这属于中国回族穆斯林的习俗，在《古兰经》里面没有规定。“埋”，必须是土葬，头朝北，脚向南，脸朝西，因为圣地麦加在西面。下葬的时候会有专门的人把亡者

---

① 纳国昌：《回族的丧葬制度》，载《云南民族学院学报》（哲学社会科学版）1995 年第 4 期。

② “大净”：按伊斯兰教教法规定的方法以水净身。清洁全身上下，包括鼻孔、口腔、头部。伊斯兰教规定一些场合必须要大净后才能参加。不少回族直接用阿拉伯语的音译——“吾素力”。

③ “者那则”（Janazah）：阿拉伯语的音译，是伊斯兰教的殡礼仪式。“就是生者代替亡人在现世中的最后一次礼拜安拉，感赞安拉的招宠而脱尘归真。”（良警宇，2006:233）

的遗体摆好，一般人不懂得这些。“洗、穿、站、埋”就这么简单，无论是谁都一样，一视同仁。《古兰经》里面规定女同志和儿童是不允许下坟地的，但是在中国（北京）不一样，没那么多讲究，咱们国家属于汉化的穆斯林，半阿拉伯半汉化，所以女同志可以去坟地，但是一定不能穿短袖短裤或者短裙，长袖长裤最好。在遗体下葬的时候，阿訇和有德行的乡老要诵读《古兰经》、赞圣词等，直到坟埋好。(见附录二图 16 至图 19)

从查阅的资料和采访中可以看出，由于伊斯兰教的影响，在样式、规格、要求等方面，北京回族的殓服与全国各地回族的殓服相同。“在回族穆斯林这里，人的死亡不仅使人失去了人的自然属性，同时使人失去了人的社会属性，伊斯兰教所推崇的‘真主面前人人平等’的教义只有在这个时候才真正的显现出来。”①

现代北京回族丧葬中基本没有孝服，都是日常装扮，突出了伊斯兰教对于丧葬从简的规定。笔者观察到参加葬礼的女性都不戴盖头，而是戴白帽，主体服饰都和汉族一样，只是不穿短袖短裤。而来参加葬礼的男性都是戴白帽子，很少有戴黑色或其他颜色的帽子，站“者那则”的不少乡老都是穿着白色棉布褂子和裤子，戴的白帽基本没有装饰，阿訇的穿着与平日在清真寺里做礼拜的时候没有不同，也是一袭白色棉布褂子和裤子，在站“者那则”的过程中，庄严、肃穆，亲友们都在默哀中送亡人。虽有哭嚎的，但属于少数。

总体来说，现代北京回族的丧葬服饰中，殓服是始终保持不变的，这与伊斯兰教在丧葬制度方面的严格规定有关。但是孝服却变化较多，愈加简化，一方面跟现代北京回族的信仰虔诚程度相关，这从妇女的孝服的变化上就可以看出来；另一方面，也是在外部文化环境变迁影响下民族服饰日常化的表现。从积极的一面考虑，随着回族中更多的人了解了民族丧葬制度，以及其中的一切从简的核心，回族孝服的这种简化在某种程度上也可以看做是一种民族文化的回归。

---

① 陶红、白洁、任薇娜：《回族服饰文化》，宁夏人民出版社，2003 年，第 83 页。

## （四）宗教服饰

“服饰与宗教信仰始终贯穿在人类文化活动中，它使神接近了人，使人靠拢了神。”[①]伊斯兰教对于回族民族文化的形成与发展以及存在方式都有深刻的影响。也正是因此使得回族服饰文化中宗教服饰占有了相当重要的位置。依据“教学基础资源库”[②]中的解释，宗教服饰是：宗教专用服装，是在宗教发展过程中，依附教义信条、神学理论、清规戒律和祭仪制度，陆续形成的，往往是一宗教或一教派的标识。回族的宗教服饰可以分为三个部分。

一部分是每年朝觐的服饰，不论是神职人员或者是信教人士，所有人在朝觐中的服饰都是一样的。由于朝觐是一种外事活动，中国伊斯兰教协会对于中国穆斯林朝觐路途中的服饰也有一定的规定。衣服上要标注中文与阿拉伯文的“中国穆斯林”的字样。这一方面是为了体现其所代表的国家；另一方面也是考虑到每年去麦加朝觐的人非常多，服饰上的差异不大，标注这样的符号便于彼此识别国籍身份。但是全世界所有的穆斯林在圣地麦加朝觐时所穿的“戒衣”[③]都是一样的，回族也不例外。穆斯林穿着戒衣朝拜表示服从真主，抛弃了追求生活享乐的物欲和纷乱的装饰，一心向真主。要脱去平时穿的五颜六色的服装，仅仅两块白布包裹着自身，以最朴素的身体来到天房，虔诚地向真主忏悔，涤除犯过的过错，使自己像洁白的戒衣一样。穿上朴素的戒衣，无论是什么身份、什么地位，所有的人站在真主面前都是平等的。

“戒衣”一般所采用的是白色的棉布，纯白且没有任何的装饰。男性的戒衣，就是两块不联缝的白布（现多用两块白色浴巾）。一块把下身至膝盖之下、脚踝之上的地方围着，另一块则披在肩膊之上，遮盖着上身。女性没有规定的戒衣，只要穿着洁净朴素的衣服，袖长至腕，身长到脚跟，并遮盖头就可以。（见附录二图 20、图 21）[④]

---

① 华梅：《服饰社会学》，中国纺织出版社，2005 年，第 3 页。

② 来源于：教学基础资源库 http://bbs.ccit.edu.cn/kepu/100k/index.php

③ 戒衣（ihram）：指伊斯兰教朝圣服。

④ 图 20、图 21 来源于：http://www.boston.com/bigpicture/2008/12/the_hajj_and_eid_aladha.html

宗教服饰里面第二个部分也是最明显的体现宗教特征的服饰，就是伊玛目（神职人员，也称阿訇）在礼拜的时候穿戴的服饰。牛街礼拜寺的韦主任[①]向调研者描述了北京伊玛目的穿戴。

“阿訇的穿着是很标准的。他在清真寺里工作时是伊玛目的身份，在社会、在家庭里仍然有严格的要求。我们在大街上见到的阿訇和在清真寺里面见到的是一样的，他是宗教的伊玛目，一举一动，一言一行都要规范。他们的穿着就是宗教服饰了。他们的穿着分寺里面和寺外面。在清真寺里面，到冬天都是一样的厚的蓝色大褂，头上缠“戴斯塔尔”[②]，也叫缠头（类似于阿拉伯地区的缠头，稍加简化）。因为当年穆罕默德圣人在阿拉伯半岛传教的时候就如此穿戴，这叫做圣行，所以阿訇上殿礼拜的时候都缠着“戴斯塔尔”，下了殿了就不戴了。一是方便，二是舒适。有时候也有人带着“戴斯塔尔”来寺里，多半也是阿訇，其他穆斯林戴的极少。我们这里只有在寺里才缠头。比方说，昨天我们阿訇去加蓬使馆办事，按理说也应该缠头，穿大褂，但他们也仅仅穿着西装，和社会上一样，只是戴一顶洁白的礼拜帽，这礼拜帽就是非常明显的标志，一看就知道是穆斯林学者的形象。”

在采访调查过程中见过的北京地区阿訇的宗教服饰，正如以上韦主任所描述的，不论身上穿着怎样，头饰基本上都是白色的“戴斯塔尔”，但仅在礼拜的时候才戴，且不论冬夏都一样。在戴“戴斯塔尔”之前要先在里面带上礼拜帽，然后再在礼拜帽外面缠上白布。“戴斯塔尔”在男性的服饰中最具有伊斯兰文化特点，“在阿拉伯地区具有多种用途，缠裹在头上，可以保护头颅，搭在头、肩上，既能防风沙，遮太阳，又能做浴巾擦汗水；缠裹在身上可以防寒冷；出门在外，找不到住宿之处，还可以在野外裹体过夜；甚至还能做葬衣，如果在外地遇难客死他乡，可供救护者裹尸安葬。”[③]这完全体现了服饰的实用性原则。但是今天的城市，生活便捷，“戴斯塔

① 受采访者：韦主任，回族，籍贯北京，牛街礼拜寺寺管会副主任，2009 年 3 月。

② 戴斯塔尔（Dastar）：穆斯林宗教头饰之一。波斯语音译，意为“缠头巾”，阿拉伯语称“卡玛麦”（Imamah）。原为阿拉伯人防暑用的头巾。伊斯兰教兴起后，缠用此头巾被列为圣行。世界各地穆斯林 尤其宗教人士礼拜时同“准白”大褂同时用。

③ 陶红、白洁、任薇娜：《回族服饰文化》，宁夏人民出版社，2003 年，第 18 页。

尔”也就失去了其实用性，而仅仅为了体现宗教精神而被保留下来。北京地区阿訇戴的“戴斯塔尔”都是白色的，与西北地区不同，很少带纹理或装饰。冬天一般身穿藏蓝色长大衣，也有人穿米色，基本上都长及膝盖。夏天基本是一律的白色长褂，一样长及膝盖。也有部分阿訇喜欢巴基斯坦或者马来西亚的服饰。但总的来说要体现的是“圣行”以及宗教的庄重。(见附录二图 22 至图 25)

宗教服饰的第三部分，就是一般回族男女到寺里做礼拜时穿着的服装。(见附录二图 26 至图 30)对女性服饰的要求最重要的莫过于“宽、松、遮”三个原则，所戴的盖头多为白色，长度以基本能够遮住上半身为标准。回族女性多穿裤装，不穿裙子礼拜，即便是长裙，也会被认为是不合适的，这是回族服饰的一个特点。在不少阿拉伯国家对妇女服饰的要求正好相反，但是遮蔽羞体的原则相同。根据采访的资料，礼拜时的男性服饰以庄重为主，衣服的选择不必与其他人攀比；礼拜时不可穿戴其他宗教的服饰；礼拜的衣服要求必须遮盖男子的羞体（从肚脐之下到膝盖以上），必须是干净的，不能有污渍，也不能散发汗臭或怪味；礼拜服饰的颜色应该素雅，不可过于鲜艳，白色、藏蓝色、深咖啡色以及黑色都是常用色；衣服上的图案可以是花草和几何图形，避免有人或动物的图案，避免印有文字的T恤；礼拜时的衣服一般比较长，但是也不可过长，长衫和裤腿都不宜长于脚踝。礼拜时必须脱鞋，穿袜子或赤脚都可以；一定要戴一顶无檐圆帽，防止头发散乱。也有年轻人就戴着棒球帽，礼拜的时候把帽檐转到脑后。按理说男人可以戴缠头，但是在北京地区的回族只有阿訇戴。禁止男扮女装，这不仅仅指着装也包括化妆打扮，男性不可使用女性的首饰，比如项链、手镯以及耳环之类都是不允许的，但是由于北京的多元文化环境，回族青年中也有不少戴装饰性的耳环。

由上所述可以看出，伊斯兰教在宗教礼仪服饰上的要求不仅是针对女性，对男性服饰也同样有很多的要求。

### （五）日常服饰

调查发现，北京回族的服饰较之西部地区的回族服饰更多地受到现代都市文化的影响，具有民族特色的服饰很少在日常生活中看到。现代北京的回族服饰，人们很难找到它现实中存在的证据，只有在经常到清真寺的虔诚的教徒身上才能看到。可以说没有明显的民族特征正是北京回族服饰的显著特点。较之西部地区的回族服饰，北京回族服饰中头饰的符号意义更甚。在已经做过的一些访谈性的调查中，年龄在 50 岁左右的较虔诚的回族，头饰更多地体现了服饰的民族性，而年龄在 20—30 岁的年轻回族则强调服饰中的宗教性。不同年龄段阶层对本民族服饰有着不一样的见解，这与时代精神、宗教信仰程度以及对宗教的理解有很大的关系。

在市场调查中，遇到不少在亲友的影响下想要买“盖头”的女士，其中中年妇女居多。很多人不知道如何戴盖头，需要售货员示范或者直接帮助佩戴。所以有不少人会因为嫌麻烦而选择易于佩戴的盖头，甚至选择戴白帽子。当问到为什么戴白帽而不是头巾或盖头的时候，当事人表示“盖头比较麻烦，戴不好，而且男女平等嘛！”偶尔也会听到类似“这把头发都遮住了多难看啊”之类的话语。北京的回族妇女会把西北妇女戴在盖头里面用来固定头发用的网兜戴在外面代替盖头。这些带有蕾丝花边的网兜很多都是黑色或者是深色的，一方面佩戴比较方便，另一方面看起来也不太特殊，因此虽然不能遮掩头发，但也被大部分人默认了。男士的帽子夏秋的都是白色的，不少年轻人会选择绣有阿拉伯风格的图案、花纹的白帽，上了年纪的人喜欢纯白色的帽子，少有选择满绣的白帽。冬天的帽子用红色、黑色或者是绿色的绒布或呢子做布料，形制上也比夏秋的白帽深一些，更多考虑的是其保暖作用。笔者看到的帽子基本都是圆形的，没有见过西北地区的六角帽。

在接受问卷调查的人中，72% 已经不穿戴任何的民族服饰，19% 的人表示在民族节日的时候还会戴帽子，且中年人居多。只有 9% 的人还在坚持穿着传统服装，而这 9% 的人都是年纪在 50 岁以上的退休人员。不少人对本民族的主要的风俗没有特别深刻的认识，只知道一些节日的名称。至于节日是怎么来的、出处在哪里，甚至连节日在哪一天、节日与节日之间的关系，这些相关的知识都比较欠缺。有 34% 的人认为穆斯林的“穿戴有些太封闭了，毕竟现在是 21 世纪了啊。要跟着社会进步”。由于北京地区有很多外来的回族以及一些其他穆斯林民族，受他们的影响，北京回族也开始接受带有装饰的色彩鲜艳的服饰。就有回族同胞对笔者表示“你说谁不爱美啊，看到她们（指其他穆斯林民族以及国外的穆斯林）穿得花花绿绿的，我也觉得漂亮，要是能买到那样的服装我也穿，都是穆斯林嘛，有什么不可以。”[①]就连马来西亚的“船帽”也成了不少男士购买帽子时的选择。(见附录二图 31 至图 37)

总的来说，北京的回族日常服饰已经和汉族的服饰没有任何区别。除了一些老人，年轻人都已经不再戴白帽和盖头等回族服饰。具有民族特征的服饰只有在节庆的时候、人生重要时刻以及与宗教相关的场合才会穿戴。除了穿着不能“暴露”以外，基本上没有其他的要求。在首饰方面更是没有什么特色，商店里卖什么就买什么。对那些宗教信仰不虔诚或者是基本不信教的回族来说，日常服饰与汉族已经没有差异了。

① 随机采访对象，男，回族。

# 第五章 北京回族服饰文化的融合与嬗变

影响北京回族服饰文化变迁的因素很多，从历史上来看，经济因素、政治因素都影响民族服饰文化的变迁，除此之外文化因素的影响也是非常重要的。经济和政治因素的影响比较明显直接，但文化的因素就相对比较复杂。下面将从文化因素的影响出发，探讨北京回族服饰文化的历史、现状以及发展。

回族文化最初就是不同民族文化之间融合的结果，文化的融合是一个漫长的过程，因此北京回族服饰文化也一直处于文化融合之中。现今影响北京回族服饰文化变迁的文化因素，不仅包括世界范围对回族文化有重要影响的几个文化圈，同时包括了中国整个回族群体中存在的亚群体之间的文化差异，以及城市的社会文化、个体文化和群体文化的相互影响。下面将从六个方面来分析北京回族服饰文化的融合与嬗变。

## （一）多族源的回族文化

回族是我们国家一个人数较多、且很特殊的少数民族。回族的特殊性表现在其民族的组成、形成过程等方面。

回族不是由单一民族发展而来，它是在中国大地上由多民族融合而成的民族。回族不仅有波斯民族、阿拉伯民族、中亚各民族等外来民族的成分，还有汉族、蒙古族、维吾尔族等本土原住民族的血统。可以说民族融合一直伴随着回族的形成与发展。复杂的民族成分必然会在民族文化融合的过程中带来各种民族文化之间的冲突。为了解决在民族文化融合过程中产生的这些矛盾，组成回族的各个族群的文化就需要寻找一个大家都能够接受的契合点，这个契合点就是他们共同的信仰——伊斯兰教。“民族宗教的形成，使民族文化具备了精神内核，使民族文化特性得以确立。”①因此，经过长时间的民族融合，宗教教义逐渐成为各族群认同的新的民族“价值观”和民族文化的核心，由此回族才得以形成。而一个民族最终的形成，不仅仅是自己族群的成员有归属感或是族群意识，同时还需得到其他民族的认同。所以，虽然回族在元代开始形成，于元末明初初步形成，且民族自觉意识在民族形成过程中逐渐加强，但是人们对他们的称谓仍然是“回回”而不是“回族”，很多人仍然将回族与信仰伊斯兰教的穆斯林混为一谈，“回回”也只是一个相对明确的自称，而不是明确的他称。从明代到清代直到民国期间，回族都为了赢得其他民族的认同，尤其统治者的认同做着不懈的努力。直到新中国成立之初的民族识别中，回族才被作为一个民族确定下来，成为中华民族中 56 个民族的一员。与此同时，“回族”作为自称与他称首次在政府条文中得到了确认。

世界其他穆斯林的民族服饰都有延续性，但是回族的服饰由于它形成的特殊之处而存在断层。经过漫长的民族融合的历程，也失去了中亚民族服饰中的灯笼裤、纹样装饰，以及“戴斯塔尔”等具有明显异族文化的元素，即便是马甲也不像维吾尔族的那样花哨。一切从简成为回族服饰的一个显著特征，现代的回族服饰与汉族的日常服装几乎没有区别，带有民族特征的服饰也仅是白帽与盖头。北京的回族服饰更是如此。

### （二）文化融合中的北京回族服饰文化

从元代开始北京就一直是中国的政治、文化中心，它对全国的政治和文化的影响力是不可忽视的。国家有关的民族文化、经济的政策，首先直接而且强有力地影响到这里，也就是所谓的“天子脚下”。这种影响对于长期居住在北京的回族这个少数民族也不例外。不论是明代的“衣冠悉如唐代制”，抑或清代对回族起义的“镇压”，都对北京回族的民族服饰文化变迁产生着潜移默化的影响。

从所找到的资料可以看出，经过了明、清两代的民族融合，北京的回

① 王志捷：《宗教在民族文化形成和发展中的作用》，载《中国民族报》2008 年 6 月 24 日第六版。

族为了能够在北京这个中国传统儒家文化的腹地保持自己的文化特征，不断强化了伊斯兰教作为民族文化的核心价值观的作用，在逐渐借用汉民族服饰的形制基础上，尽量遵守宗教中对服饰的基本要求，并保留了“戴帽”这一能够被社会主流文化接受的着装习惯，而且帽饰的选择也是在符合伊斯兰教基本规定的同时，寻求同化而非异化。这与伊斯兰教的群体性以及中国传统儒家文化同一性不谋而合。

就像戴维•波普诺所说的，“物质文化能够折射出非物质文化的意义”，回族的民族服饰不仅仅是民族物质文化的一部分，同时也是这个民族精神和信仰的表现。最初在定义回族的时候曾经这样描述：“回族是一个全民信仰伊斯兰教的少数民族。”这样的民族信仰维持了回族民族服饰存在的文化根基，使回族民族服饰可以经过如此深刻且长久的“民族融合”，仍然能够有所保留。时至今日，经历了新中国成立后民族政策的几次大起大落，北京回族的物质文化变得愈加的衰弱，这一点在回族的民族服饰上体现得尤为深刻。

### （三）现代北京回族服饰文化融合现状

明清时期的北京，既是全国的经济、政治中心，也是中国传统儒家文化最强势的地区。生活在北京的回族，所面对的是强大的、底蕴深厚的中国儒家文化。在漫长的历史过程中，回族逐渐将儒学与伊斯兰教相通合，将中国传统文化与回族文化相融合。这在当时的回族服饰上都有十分明确的体现。

随着当今世界经济一体化、文化多元化的进程，北京已发展成为重要的国际文化交流中心和全世界各个民族文化自我展示的舞台。与此同时它也成为多种文化融合、冲突的重要场所。当代北京的回族服饰文化正是处于这样一个前所未有的复杂多变的文化环境中。这里所说的文化环境主要指西方服饰文化、变迁中的中国传统服饰文化以及伊斯兰教服饰文化相互碰撞、交融的复杂环境。

#### 1. 西方服饰文化与北京回族服饰文化

西方服饰文化是现代席卷世界的一股服饰文化潮流。虽然很多人说现代的服饰文化应该是一种国际化的服饰文化，但值得注意的是，这种国际化的服饰文化是建立在西方文化，也可以说是欧美的文化基础之上的服饰文化。不论是外在形式，还是其内涵都渗透着西方的价值观念、审美观念。

西方服饰文化对北京回族服饰的影响与其对中国传统服饰文化的影响相近。在西方服饰文化看来，服饰是艺术的，人体是艺术的，所以两者的结合更应该是艺术的。在西方，不论是哲学家还是艺术家，都在不断地重申人体的艺术性。人体的审美功能，是西方服饰创作的依托。由此产生的结果是西方服饰突出和强调服饰修饰人体的审美。当代流行的紧身裤、超短裙、比基尼以及在形形色色的时装发布会上出现的引领时尚的各种服饰，或是着意突出人体的审美功能，或是强调服饰修饰人体的审美功能，同时还强调西方文化中重视人的个性特点，使得时尚服饰生机勃勃。

深受伊斯兰教影响的回族服饰文化，强调的不是人体美和服饰的修饰功能，而是服饰的实用性和服饰的伦理功能。服饰具有保护人体不受外界侵害的功能，需要强调的是，这里所说的外界侵害包括自然环境和社会环境对人的伤害。一位回族哈吉[①]曾跟笔者聊起过那些挂在街头的大幅的内衣广告。“那些广告确实能够带来视觉的刺激，但是事实上并没有那么简单，那些视觉刺激的背后宣扬的是一种对欲望的渴求，让人们在心理上放松，最后导致的是社会的不安全，这不仅不会提高妇女的地位，反而是对人的地位的贬低。”[②]对于这样极端的服饰表现方式不仅回族服饰文化会排斥，就是中国传统文化也一样以“不得体”而嗤之以鼻。

即便如此，我们还是不能否认西方服饰文化对北京回族服饰文化的影响。在一些正式场合，很多回族人士依然会选择西服作为正装，以表示对他人的尊重。然而还是会有部分人选择立领衬衫，而非翻领衬衫和打领带，这是尊重他人却又不完全接受西方服饰文化的着装心理的微妙表现。（见附录二图 38）

---

① 哈吉：对朝觐过的穆斯林的尊称，hajj 的音译。

② 受采访人物：李某，回族，58 岁，籍贯北京。采访日期：2008 年 11 月 4 日。

2. 变迁中的中国传统服饰文化与北京回族服饰文化

今天，中国传统文化在北京这个“现代化”的大都市中，正在悄悄地发生着变化。改革开放以来，人们对外来的新事物以及新的价值观的接受，乃至追捧，使得中国传统文化一度被年轻人淡忘。当物质逐渐充裕的时候，城市中的人们开始反思。历史是一条不能回头的路，当中国的服饰文化受到西方文化的影响已经有所变化时，即使有外在强制力量，也不可能再回到昨天，这种变化将会持续下去。这是西方服饰文化融合于中国传统服饰文化的过程。

当代中国传统服饰文化的这种变化，也影响着北京回族服饰文化。中国传统文化与回族文化经过长时间的融合，双方都对彼此的服饰以及文化方面有所接纳和妥协，民族之间相似的地方得到强化，在价值观以及审美取向上达成了一定程度的共识。中国传统文化重视群体而非个体，这与回族很相像；中国传统服饰文化的内敛性与回族服饰文化的价值取向也几近相同；中国传统服饰宽松的样式也与回族对宽大服饰的喜好相一致。所以，北京回族在其主体服饰①上才可能接受传统文化影响的汉族的主体服饰。即使在这样的情形下，北京回族的服饰在因外部环境不得已改变了其外在形式的同时，依然保留了回族文化内涵。

一方面，虽然没有资料显示最初的回族服饰是什么样式，但在主体服饰上一定有其自身的特点，这是不可质疑的。然而在清末我们看到的却是，回族服饰依附中国传统服饰这棵大树而存在的事实。现在这棵大树发生了变化，回族的民族服饰在具体形制上失去了参照，使其服饰文化失去了依靠。

另一方面，中国传统服饰文化的变迁表现出传统文化对服饰文化影响逐渐减弱的趋势，从某种程度上说，也是中国传统文化对当今社会影响力的减弱，这一趋势使得北京回族的服饰文化有了更广阔的可发展空间。（见附录二图 39 至图 41）

---

① 主体服饰：上衣下裳与代替或遮蔽上衣下裳的袍子与裙子以及其他披裹装饰。参见陶红、白洁、任薇娜：《回族服饰文化》，宁夏人民出版社，2003 年，第 43 页。

### 3. 伊斯兰服饰文化与北京回族服饰文化

今天，影响北京回族服饰文化的不仅仅是西方服饰文化和受西方服饰文化影响的中国主流服饰文化，现代伊斯兰的服饰文化也是影响北京回族服饰文化的外在文化环境的重要因素。在阿拉伯地区，民族服饰、宗教服饰与日常服饰几乎是不分离的。这种民族服装随藩客传入中国的时候，为了融入中国的文化圈，必定要逐渐去掉那些明显的外族的特征。由于明清两代的“闭关锁国”的外交政策，回族基本失去了与伊斯兰世界的联系，及至清代后期，回族信仰的“伊斯兰教”在北京地区甚至开始出现类似于世袭掌教的中国化现象。这种“中国化”的过程在回族的服饰文化变迁中表现得尤为突出。清末时期的回族服饰已经不同程度地采用了汉族、满族或者周边少数民族的服装形制和色彩偏好。北京的回族服饰更是如此，服饰的民族特征几乎消失，能够被保留下来的回族传统民族服饰都是那些与宗教精神息息相关的部分。其中最“顽固”的部分就是头饰，它被保留下来甚至成为民族身份的表征。

从清末开始，回族穆斯林们与阿拉伯国家开始有了一些交流，在交流中他们深感自己民族的文化与伊斯兰教文化的差异，首先从精神文化方面开始了寻找民族根源的努力。新中国成立后，尤其改革开放以来，随着参加朝觐的人不断增多，回族作为一个族群，越发觉得自己的服饰与阿拉伯国家的穆斯林的服饰相差甚远。原本在民族物质文化方面就不是非常凸显的回族，更感到自己在民族服饰文化方面的缺失。随着回族民族自觉的兴起，出自对宗教的信仰和在文化上追根寻源的心理倾向，使得现代回族在文化上普遍出现了借用同属信仰伊斯兰教的其他穆斯林民族的文化来充实自己的文化的趋势，这在服饰方面表现得尤为明显。北京的回族中就有很多人喜欢其他信仰伊斯兰教民族的服饰。比较多见的是巴基斯坦的服饰（简称“巴服”）和马来西亚的服饰（简称“马来服”）。有些人是借朝觐的机会在国外买的，有些是托亲友在国外买的，也有一些是别人馈赠的，抑或是依照这些样式仿制的。（见附录二图 42 至图 46）

在北京的东四清真寺里有位做礼拜的老伯曾经跟笔者谈起现在北京的回族服饰：“不是我们不想穿民族服装啊，只是留下来给我们的服装太少了。我在年轻的时候也不注意这些，现在只记得父母亲那一辈最特别的就是帽子和盖头。现在年龄大了，寻找民族归宿的想法也越来越强烈，可是能找到的只是精神方面的，再就是这清真寺。那些商店里面卖的工艺品，都是国外过来的，你说有什么回族文化呢？前年我一个好朋友去马来西亚，我托他帮我带一身马来服（他指指自己身上的服装），质地很好，也不是非常的贵。没别的，就是穿上了心里觉得舒服。”①

由此可以看出，北京回族对服饰的选择，除了考虑民族特征以外，信仰特征也是被特别重视的。对于部分人来说，信仰特征甚至是一个很重要的标准。在回族形成和发展的整个过程中，信仰已经成为维系民族文化的核心，即便是在今天也依然如此。

### （四）北京回族中的子群体与北京回族服饰文化

现代的北京是全国各地文化汇聚的城市，城市发展带来的商机，吸引了各地的回族来京工作、学习、生活、定居，他们逐渐成为北京回族大家庭中的一分子。虽然都是回族文化，由于中国回族分布较广，各地的回族文化都有相似和相异的地方，因此外来回族文化与北京本土回族文化之间就有了互动。

民族群体认同是维护和巩固民族特质的重要因素。从元朝的时候开始就有“天下回回一家人”的说法，这一说法的依据就是《古兰经》认为只要是穆斯林就都是兄弟姐妹。这一民族群体认同方式就使得回族虽然广泛地分散在全国各地，但是却能够在共同的汉文化社会背景下享有共同的伊斯兰文化，从而弥补了它在地理空间上“大分散”以及各地民俗相异的不足，最终促使回族文化的形成。所以说在中国存在着伊斯兰教的精神社区，这种精神社区可以小到一个回族社区，大到整个国家的信仰伊斯兰教的民族。回族聚居区广泛分布在全国各地，如宁夏的固原、同心，甘肃的临夏、西道堂，宗教文化特点突出，个体有安全感也有归属感，却缺乏民族文化的自觉。当他们进入北京这个大城市之后，面对的不再是自己原居住地的纯粹的回族社区，自己的文化也不再是主体文化，就好像出了国门的中国

① 受采访人物：杨某，回族，67岁，籍贯北京。采访日期：2008年12月20日。

人会意识到自己的“炎黄子孙”的身份，他们也意识到了自己的“穆斯林”这一宗教信仰的角色的特殊性。他们从区域文化的主体走向城市文化的边缘，在这一“迁徙”的过程中，他们一方面变成了社会的亚文化群体，另一方面也在北京回族这一主群体中形成了群体中界限不是很明确的子群体。(见附录二图 47 至图 49)

来自全国各地的回族同胞带来的是与北京回族不同的服饰文化，各自都有一些自己的特点。在文化互动的过程中，人们逐渐地能够从服饰上、从宗教信仰程度上分辨出彼此大概来自什么地方。比如，如果女子戴盖头的话，会首先推断是西北的回族；如果是白色的盖头，基本能够确定是西北的回族；如果戴的是色彩很鲜艳的盖头，就有可能是云南的回族；如果戴类似网兜的头巾，就有可能是北京或者是河北境内的回族。而男子在服饰上没有明显的地区性特征，无法做出像上面女子服饰地区划分的假设，不过还是能够从长相以及宗教信仰程度上分辨出大概。一位王乡老跟笔者说，“你看那些经常坚持来做礼拜的，教门都比较好的，尤其是年轻人，基本上都不是北京的”①。

虽然各地来京的回族会不自觉地“抱团”，形成同乡会等亚文化群体，但是个体文化的危机感，或者说群体文化的自觉，仍然让他们很自然地对外隐藏自己的文化来源，更多的是强调作为“穆斯林”的身份。再加上国家强调民族团结、和谐发展，所以在北京的外地回族以及其他信仰伊斯兰教的民族，在公共场合都会比较留意自己作为“穆斯林”的身份，道一声“色俩目”，足以跨越语言、民俗的距离，拉近不同地域、不同民族之间的关系。美国社会学家英克尔斯认为：“精神社区指的是这样的社区，它的共同成员建立在价值、起源或信仰等精神纽带之上。”②精神社区没有明确的共居地，但是却有共同的认同感和归属感，拥有某种共同的信仰和亚文化。由此看来，在北京正是流动的穆斯林人口和北京当地的回族之间逐渐形成一个包含在伊斯兰世界之内的精神上的社区。正是有这样的一个还不成熟

① 随机采访对象：北京人，回族，男。

② [美]亚历柯斯·英克尔斯著，陈观胜等译：《社会学是什么——对这门学科和职业的介绍》，中国社会科学出版社，1981 年。

的精神社区的存在，才使得北京的回族能够积极借鉴全国各地的回族服饰文化的特点以及外来的穆斯林服饰文化特色，逐渐将这些外来的特点、特色融入北京回族服饰文化之中，构建自己已经“缺失”的地域民族服饰文化。

### （五）影响现代北京回族服饰文化变迁的社会文化因素分析

在分析影响现代北京回族服饰文化变迁的主要因素时，必须考虑北京回族所处的时代背景。

随着社会的发展，中国的现代化和城市化已成为当前中国社会发展的主流。在现代化和城市化进程中，作为社会的重要组成部分的社区也发生了变化。这种变化不仅仅发生在外在形式上，而且在内部的结构上也发生了根本性的变化，也就是说在现代城市化背景下的“社区”已不同于传统的“社区”的内涵。

从广义上来说，北京回族的城市化由来已久，北京的回族应该说是北京城市中的少数民族之一。从狭义上来看，中国进入真正意义上的城市化是在 1949 年以后，北京的回族也就顺其自然开始了城市化进程。

在北京这个以汉文化为基础的都市中，回族文化受到北京文化的影响，经过长期的变化、融入，已能够与以汉族文化为主的北京文化和谐相处并相互渗透，最终达到了和谐。北京的回族文化不论是在历史上还是在现在，都不是北京城市文化的主流文化。为了保持和传承自己的民族文化，或者说为了保护能够在精神上被“认同”的群体存在，北京的回族更加依赖于由同质的人组成的有共同日常生活的社区。中国的现代化和城市化是整个中华民族的现代化与城市化，社会的变迁给居住在城市中的各民族的生活、文化、经济等各个层面都带来了巨大的变化。回族是全国各个少数民族中城市化程度最高的少数民族之一，处于这样的一个急剧发展的城市化时代，城市中回族社区必然受到时代浪潮带来的冲击和影响，尤其在北京这样的现代化大都市。这一切进而引起了北京回族服饰文化的变迁。引发变迁的因素主要有家庭结构及妇女社会角色的变化、教育环境的变化、传统回族服饰审美观变化、宗教文化环境的变化、回族社区地缘变迁以及媒体和政策因素等几个方面。

### 1. 家庭结构变化以及妇女社会角色的变化

“家庭是社区人最基本的社会组织，承担着生产生活、文化整合、教化等功能。”[①]家庭就像社会的细胞，是社会关系的基本单元，会对个人的社会地位、社会角色、群体归属等众多方面产生影响。对于回族社区来说，家庭绝对是文化传承极其重要的基础。美国社会学家马克·赫特尔曾说过，“在一个国家迈向现代化的过程中，必然伴随的变化是家庭制度向夫妇式家庭制度某种类型的转化”。[②]也就是说，家庭结构会随着都市的现代化而产生变化。生活在北京的回族，必然会被卷入传统的扩展性家庭向现代的核心家庭的社会变迁中。

中国历史上的传统家庭结构都属于扩展性家庭，北京的回族更是如此，他们习惯于“围寺而居”，三四代人住在一个屋檐下是非常正常的事情。但是随着社会的发展，这种家庭结构已然不能适应社会经济活动的变化。作为生活实体的城市家庭因城市经济和文化的发展所致，已经从联合家庭或者主干家庭向核心家庭转化，并且这种趋势愈演愈烈，逐渐成为北京回族家庭结构的主要形式。社会学认为，联合家庭或主干家庭都比核心家庭更有利于传统文化的保持。在联合家庭中，虽然年长一辈的思想经常被年轻一代看成是“过时的”，但扩展性家庭中老一辈的文化底蕴仍然强于核心家庭中的年轻一代。核心家庭丧失了传统的家庭结构的文化氛围，没有了可以潜移默化地引导儿童学习传统知识的模仿对象。北京的回族可以在强势的儒家文化的包围之下仍然坚持自己的文化，主要是因为回族文化强调团结，强调相似性，同时不主张突出个性。但是当回族处于现代突显个性的社会文化氛围中，接受与汉族同样的教育时，同质化与异质化的矛盾变得逐渐强烈。面对外部社会文化环境的变迁，日趋核心化的家庭，使北京的回族在民族文化知识普及上无为，在民族传统文化传承上无力，民族认同感大大减弱，致使其自身的文化出现无法弥补的断层。

---

① 丁菊霞：《西部回族50年社会经济变迁述略》，载《回族研究》2007年第1期。

② [美]马克·赫特尔著，宋践等译：《变动中的家庭——跨文化的透视》，浙江人民出版社,1988年，第41页。

妇女社会角色的变化同样也会影响文化的传承。众所周知，伊斯兰教在回族的形成以及发展过程中起到了非常重要的凝聚作用。生活在汉文化环境之中的回族为了保障自己的文化独立性，除了依赖伊斯兰教，还依赖于家庭教育来代代传承。在传统的家庭中，回族妇女承担着养育后代的主要职责。虽然历史上，妇女由于社会地位的限制，很难教授子女文化知识甚至是宗教知识，但是她们却以自己平日的生活行为、礼仪、态度等，重复不断地向自己的子女演示着回族文化下的生活方式，也在巩固着下一代对伊斯兰教的信仰。她们身体力行地在日常生活中点点滴滴地在子女面前展示着本民族文化的内涵和精髓，如为人处世、衣着打扮、起居饮食、祈祷礼拜等等道德观念、生活习俗、宗教信仰的细节。家庭教育在民族文化传承中的重要性，笔者在实地调查中也不止一次体会到。有些回族妇女会带着子女去清真寺，也有些在日常生活中督促子女学习《古兰经》中的某些篇章，就像汉族儿童背诵唐诗宋词一样，当孩子能够背诵《古兰经》的某些段落的时候父母总是很欣慰地给予肯定和鼓励。(见附录二图 50)

一位姓米的小伙子表示："我自认为我的教门还行，要不是我妈和我奶奶从小管我，我现在什么样子真不敢想，别说主麻①，也许和我周边那些吃猪肉的回族差不到哪里。我妈现在退休在家了，天天做礼拜，盖头不离身。我姐受我妈影响更多，'教门'（对信仰的虔诚）也好，但是她也不戴盖头了，平时要工作啊，弄那么个干什么？但是我还是觉得戴盖头的回族女孩是很漂亮的。"②经当事人同意后，笔者曾与他同去东四清真寺做聚礼。即便在这样的场合，他也没有穿戴具有民族特色的服装，日常生活中穿着的帽衫就是在清真寺做聚礼的服饰，所不同的只是把帽衫上的帽子戴在头上，这样的穿着与社会时尚流行没有什么区别。可以肯定的是，在回族的民族意识以及文化的形成过程中，家庭教育保证了回族个体强烈的民族认同、民族信仰和民族文化的相对独立性，而这其中回族妇女的作用无疑是不容忽视的。(见附录二图 51 至图 53)

---

① 主麻：阿拉伯语"星期五"音译，意为"聚会日"。伊斯兰教规定星期五为聚礼日，通称"主麻"。

② 受采访者：米某，28 岁，回族，籍贯北京。采访日期：2008 年 12 月。

在北京这样的大城市中，家庭教育对于民族意识以及宗教意识的影响相当重要。然而随着社会经济发展，很多妇女为了减轻家庭的经济压力，为了自身的社会地位，走出家庭参与社会生产、政治、经济活动，进入现代社会激烈的竞争之中。妇女的社会角色发生了转移并由此导致了联合家庭或者主干家庭向核心家庭转化的家庭结构的变迁，如此造成的结果就是孩子家庭教育的减少和民族文化的影响骤减。取而代之的是学校教育和媒体教育，而这样的教育又几乎不涉及本民族的文化，孩子们在这种状态下无法接触、学习自己民族的传统文化知识，这就使新的一代对自己民族的文化，认识愈加浅薄。长期以往，有些人会淡化自己的民族传统，淡化对自己民族文化的了解。穿戴上不再讲究，饮食上也再无禁忌，民族风俗逐渐失去内涵，生活习俗也没有外在约束。在这样一种状态下去传承回族传统的民俗习俗和宗教信仰无疑是艰难的。

2. 教育环境的变迁

社区的变迁必然带来社区人口的变迁，进而改变人的文化生存环境。现代都市人口集中，异质性很强，经济、政治和社会活动频繁，具有各种复杂的制度、信仰、语言和多样化的生活方式，具有结构复杂的各种群体和组织。这些都导致都市文化环境具有非常强的异质性。文化环境的变迁是一把“双刃剑”，一方面可以推动回族服饰文化的现代化进程，而另一方面则使回族的服饰文化面临前所未有的挑战。新的文化环境下的教育就是一个极好的例子。

回族文化深受伊斯兰教的影响，对于那些受到家庭传统民族文化影响的回族儿童，在家庭教育和社区教育中接受的是具有民族文化内涵和伊斯兰宗教内涵的教育。宇宙万物和人类世界是真主创造的，真主所创造出来的万物都会按照一定的规律运行，并且有今世、后世及末日之说。这些民族文化中的客观唯心主义的世界观和价值取向，在孩子很小的时候就已经深植于头脑之中。但是在学校里面学习的却是马克思主义的唯物主义世界观，学习的是进化论、相对论、无神论。这种正规的学校教育与社区及家庭教育，在孩子民族文化的接受过程中是分离的，甚至是相悖的，使他们对于很多问题的认识出现矛盾，这种矛盾不会简单地分出胜负，而会使孩子对自己的民族文化产生怀疑，从根本上改变对自身民族文化深层内涵的认同，甚至会让他们把回族与伊斯兰教分离，进而使民族认同从源于民族文化转而依赖血缘关系，最终使得民族文化无法传承。

在调查过程中笔者曾经帮着乡老带孩子玩耍，发现他们手中的故事书不是希腊神话就是与基督教有关的，这些故事与他们已经接受的民族文化是不一样，甚至是相互矛盾的。孩子们曾提出安拉和上帝是什么关系，宙斯是谁等等成年回族人都无法正确回答的问题。在他们阅读的儿童书籍中很少见到关于回族民族文化或伊斯兰教的内容。这样的故事书对于回族文化来说是有很大冲击的。由此我们不难看出北京回族儿童所面对的是怎样的一个复杂的文化环境。在这样的文化环境与教育环境中，回族的服饰文化很难在儿童的心里获得继续生长的土壤。

民族文化的教育不只是儿童的事情，社会文化发展的宽松环境对北京回族接受回族文化教育提供了有利的条件。在回族群众中，不少回族个体随着年龄增长，会在心理上产生民族文化回归的倾向。如果在亲友中有虔诚的穆斯林，这种倾向就会表现得更为明显。不少上了年纪的回族群众，退休以后会回到清真寺去学习《古兰经》和回族民俗，寻找自己的民族文化。在牛街和南下坡清真寺都有这样一些短期的学习班，主要是阿訇或者是有德行的穆斯林来讲授，讲授内容包括《古兰经》、阿拉伯语、典故解释和民间故事等。每逢民族节日，还会有专门讲解这些节日（如宰牲节、开斋节）的由来，阅读、学习《古兰经》中与节日相关的篇章。学习班对外保持开放的态度，每节课都会有不同的人来听，完全靠自觉。笔者曾在这样的学习班跟班学习《古兰经》。上述这种现象使得民族文化能够在现代化都市化的文化环境中找到生长的土壤。

一位杨乡老的儿子告诉笔者："我知道的那点东西（民族文化知识）都是我父亲给我说的，我也会做礼拜，但是不可能坚持，在快节奏的现代社会，太忙了，哪里有时间和精力去坚持啊，等我以后有了时间会去好好学的。"①这种情况不仅仅出现在北京地区，全国各地的回族都存在类似

① 受采访者：杨某，35 岁，回族，籍贯北京。采访日期：2009 年 4 月。

的情况。总体来说，回族在民族文化的学习方面对年轻人的要求逐渐放宽，但由于耳濡目染，自觉地文化回归倾向也时常可见。

### 3. 传统回族服饰审美观的变化

民族服饰审美是民族服饰文化传承的动因之一。如果一个民族看不到自己民族服饰的美，这个民族的传统服饰就不会传承下去。民族服饰向来由本民族妇女来缝制，笔者在新疆的民族服饰调查过程中对这一点体会颇深。而北京的回族妇女在生活中，由于城市经济环境的发展，不再自己缝制民族服饰，原有的缝制技术和缝制工艺逐渐失传。当代回族妇女只是在现代服装市场中去挑选符合宗教信仰要求的服饰代替原有的"民族服饰"，继而使对民族服饰的审美逐渐退化。实际上北京的回族服饰已经出现了明显的断层，在家庭教育中肩负传承民族文化重任的女性已经不再穿着民族服饰。在民族服装的审美方面，除了"白帽"和"盖头"外，已没有了回族民族服饰的审美倾向。回族的主体服饰已经难以见到，而对服饰的审美倾向也只能用宗教的"宽、松、遮羞"以及反对动物图案装饰的标准来诠释。很多回族甚至遗忘了回族文化中服饰的基本审美，逐渐接受了现代城市多元文化的审美观和极为个性化的审美观。这种服饰的的选择倾向，不仅局限于北京地区的回族，对中国整个回族群体来说也是一种无奈。(见附录二图 54、图 55)

接受采访的乡老表示如果是夏天不在清真寺里面，子女穿短袖衣服还是能够接受的，但是类似迷你裙、短裤这样极端的穿着，乡老们还是不能认同的。有一位赵乡老在谈到自己儿女的穿着时说："我儿媳妇和儿子回家来，要是穿的邋遢或者不合适，我就不让他们进门，最好别让我瞧见。"① 牛街礼拜寺寺管会的韦主任在访谈时说到："北京的回族的服饰已经汉化得很厉害了，能保留下来的也就是帽子……但是回族家庭的孩子在穿着上要朴素很多，很少会穿什么露背露脐装，家长会管束的。"②北京回族服饰虽然没有什么特点了，但是处于族群中心的人由于受到族群核心文化的

---

① 受采访者：赵某，回族，58 岁，籍贯北京。采访日期：2009 年 3 月。

② 受采访者：韦主任，回族，籍贯北京，牛街礼拜寺寺管会副主任，采访日期：2009 年 3 月。

影响，仍然保留了穿戴的基本的原则。对于那些处于族群或者社区文化边缘的回族来说，在日常服装的选择方面就没有那么多的标准限制了。对此西北的回族则表现出不同的审美倾向，一位临夏来的小伙子就表示女孩子戴盖头是很美的，那些夏天穿吊带、迷你裙或者热裤的人则会让他觉得肤浅。(见附录二图 56 至图 58)

4. 宗教文化环境的变化

对回族来说伊斯兰教是维系民族文化的重要条件。宗教文化环境的变化一方面受到回族传统围寺而居的社区环境变化的影响，另一方面则受到国家宗教文化政策的影响。

不可否认的是，历史上由于统治者政治上的政策变化，使得回族文化起起落落。一些回族学者利用儒家的学说兴起的“以儒释教”的运动，就体现了回族文化迫于压力而对外部文化环境的适应。前文也提及伊斯兰教由于其文化与中国文化相似，且不做积极的传教活动，使得历代统治者没有对伊斯兰教打击、压制，而只是在“风俗”上同化。正是在这种风俗的同化过程中，回族原有的服饰文化也逐渐融入了中国传统服饰文化之中。

新中国成立以后，政府充分考虑到了各个民族的精神文化与物质文化的需求，提出了宗教信仰自由的政策。这对回族维系民族文化，发展民族文化提供了很好的外在条件。但是经过“文化大革命”的十年，北京的回族无论是在民族风俗还是在穿戴方面都产生了重要的变化，民族文化的自觉性也有所减弱。进入 21 世纪，政府看到了现代都市文化对少数民族文化的冲击，提出要“保护民族文化遗产”，无疑，政府的政策受到了各个少数民族的关注和欢迎。需要指出的是，这种保护不仅仅体现在物质文化方面，同时也体现在精神文化方面。物质文化与精神文化对于一个民族来说是不可能清晰地划清界线的，两者相互影响又相互交融。

回族也是如此，近年来针对回族民族文化、精神信仰、社区建设以及民族历史研究的成果层出不穷、百花齐放。北京的回族居住在“皇城根”下，在保护民族文化方面具有先天的优势，也就是说能够得到更多的重视，得到更多的资助，而且这里的回族的文化自觉性相对也比较强。宽松的文化环境，宽松的宗教、民族政策正在使回族的民族文化和宗教文化回归。有不少人开始关注回族的民族服饰文化，以宗教文化的回归为基础，一部分人开始有了穿着符合“教义”的服装的意愿，也有人看到了人们在这方面的潜在需求，开始在回族民族服饰文化创新方面做一些尝试。

5. 回族社区的地缘变迁

事实上，随着北京城市经济、文化的发展，城市规模的扩大，流动人口的迁徙，不仅是回族社区，整个城市都在经受着地缘变迁所带来的社会关系的变化。在这个地缘变迁的过程中，经过几代甚至十几代人才逐渐建立起来的“街坊邻里”群体社区以极快的速度在仅仅两代人的时间内就崩溃了。经过历史的积淀以及社会生活习惯的传承，回族在全国范围内都形成了自己大分散小聚居以及围寺而居的居住方式。这种被叫做“哲玛提”（Jamaat）的以清真寺为核心的社区，是回族社会和回族文化的坚固堡垒。“正是凭借 Jamaat 的分立和沟通才使回族在与汉文化社会的交流与互动中获得了存在和发展。”[①]这一点在北京地区有很明显的体现。“清朝北京清真寺不但数量多，而且分布广，内城、外城、远近郊区到处都有清真寺……据寻真在 1931 年的调查：‘北平的清真寺，本来是 32 座，近几年来，又添设了 2 座，一共是 34 座’……新中国建立以后，在短短的几十年内，北京地区的清真寺就增加了 20 座。”[②]北京现有清真寺 70 余座，分布较为广泛。这种聚居格局上的小聚居形式是经过了数个世纪考验的，也是能够保证自身文化传承的一个较为成功的方式。可以说北京回族文化就是依托于这些清真寺，在现代化的大潮中坚守着自己的文化。但是面对城市的变迁，这样的聚居型的社区也因为散居型的现代城市社区的发展而逐渐瓦解。

杨文炯曾以清真寺为核心形成的围寺而居的地缘结构、共同的宗教信仰以及族群认同为集合点，结合经堂教育结构、族内—教内婚姻结构、经济—行业结构和寺坊自我管理结构组成的“五维一体”的稳定结构来描述

---

① 杨文炯：《城市界面下的回族传统文化与现代化》，载《回族研究》2004 年第 1 期。

② 佟洵：《伊斯兰教与北京清真寺文化》，中央民族大学出版社，2003 年，第 200 — 201 页。

回族社会结构，并用下图展示了现代城市中回族社区的变迁。[①]

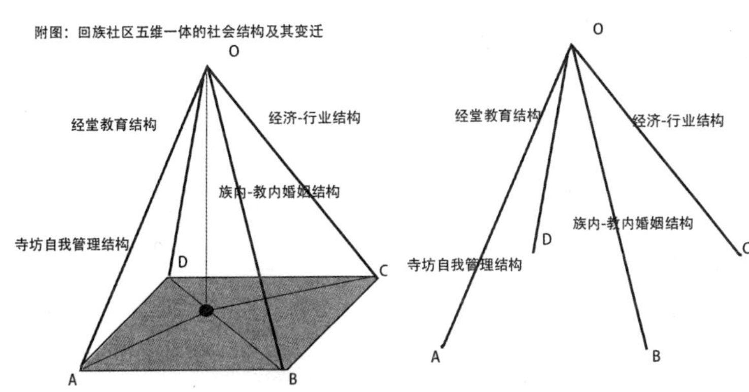


回族社区的变迁示意图

上图可以很清楚地表示，以清真寺为基础的“地缘结构”对回族整个社区文化具有多么重要的作用。可以说没有了围寺而居的地缘社区，回族社区就失去了存在的物质基础。

北京有不少清真寺位于老城区中，一方面由于它们所处的地理位置好、有较高的商业价值而成为城市规划的重点地区；另一方面由于这些回族聚居区历史悠久，基础设施差，而成为城市改造的重点地区。在北京许多地方的拆迁中，居民是不能回迁的。许多回族社区的居民都依照拆迁的规定，像泼出去的水，散落到了城市的汪洋大海之中。这样的城市商业规划和城市改造，使得北京很多回族不得不改变了原来“围寺而居”的聚居习惯，逐渐接受在高楼林立的现代建筑群中离寺而居。这一居住格局的改变使得原有的回族社区的社会结构产生了非常大的变化。首先改变的就是邻里关系，这进而使得回族社区特殊的社区组织、社区经济和社区文化遭到不同程度的削弱，回族社区原有的社会结构逐渐被打破。由于居住地远离清真寺，平时到清真寺礼拜的人数、次数都明显减少，通过共同宗教生活方式的相互交流，以及社区内部的互动频率都大为减少。

互动是形成社会的重要前提和维系社会存在的重要方式，社会控制又

---

① 杨文炯：《Jamaat 地缘变迁及其文化影响——以兰州市回族穆斯林族群社区调查为个案》，载《回族研究》2001 年第 2 期。

是社会整合的重要手段。就回族聚居型社区与散居型社区而言，人们与社区中心清真寺的互动、人们通过社区中心而发生的社会交流以及家庭之间的互动等都存有极大的差异，社会控制的强度也不同。社区舆论监督也随着社区的变化而越来越弱，甚至渐渐淡出了回族的生活。当然民族服饰以及宗教生活也会随着社区舆论监督的减弱而被忽视。“像以前我们还经常谈论什么谁穿得不合适，谁不做礼拜，谁不够孝顺，现在很多人都不再谈论了，把自己管好就好了。”①

回族是喜欢聚居的民族，这和历史延续和回族文化特征有关，这种聚居的方式虽然被客观的环境变迁改变了，但仍然具有较强的习惯性。不论在什么地方，不论居住地如何分散（地缘），文化的惯性还是会让人们尽力地回到自己文化的核心地带。在调查过程中发现很多回族虽然不得已从原来的寺坊社区搬迁出去，为了延续自己民族生活习惯，不少人还是会选择到北京城郊县的回族社区居住；有的人即使离开原有的社区很远，还会骑自行车、坐公交车，不惜远距离的奔波，回到原社区参与社区的宗教活动、民族活动、文化活动。甚至还有一些回族青年不惜多花一些钱在自己生长的熟悉的回族社区旁买房置业，这主要是因为原来的社区有熟悉的邻里、熟悉的阿訇、熟悉又方便的生活环境，更主要的是在这里能够得到民族文化的认同和群体的归属。文化必须依托群体才可能存在，虽然亚文化是少数人的群体文化，也一样需要群体作为存在的基础。北京回族的民族文化相对于城市的主体文化来说是亚文化，它的存在和发展与回族这个群体的存在息息相关。

有一位杨乡老在访谈中说：“原先我们小的时候还能在大街上看到很多戴白帽子的回族，也经常能够看到带孩子去上寺的，每天去寺里面做礼拜的人也很多，现在不如以前了。回族的生活就是围绕着清真寺，有事没事都喜欢待在清真寺里。大家坐在一块儿聊聊家常，学习《古兰经》或者圣训，锻炼身体，做礼拜，等等，这些都是回族的生活的一部分。”②一方面我们看到，北京的回族文化正在失去他所依赖的共同社区，能够代表

① 受采访人物：李某，回族，58岁，籍贯北京。采访日期：2008年11月。

② 受采访人物：杨某，回族，63岁，籍贯北京。采访日期：2009年3月。

文化的物质文化也逐渐萎缩，同时我们也看到了回族的民族精神依附于他们的“穆斯林”的身份，逐渐地自觉，一个在民族宗教信仰基础上的“统一的伊斯兰精神社区”，一个被回族认同的精神社区逐渐形成。也许真如杨文炯所写，随着地缘意义上的回族社区的瓦解，回族的“精神社区可能将成为都市社会回族穆斯林存在的新方式”。[①]

6. 媒体的作用

现代城市的一个很重要的特点就是其极强的信息化程度。由于城市文化的丰富性、人口来源的多样性和现代媒体影响的广泛性，城市无疑成为信息生产最大的工厂。它每天都在生产无数的信息单元。生活在城市中的人们，可以从这些信息里面选择自己需要的信息以及自己感兴趣的信息，但是，那些与人们日常政治、经济、生活等活动无关的信息，往往容易被忽略，容易形成人们日常信息积累的个人偏向。回族作为这个城市中的一个亚文化群体，一方面他们的文化很少为媒体所关注，另一方面也因为媒体献媚般地迎合读者的信息选择，致使回族文化渐渐消失在主流媒体所传播的那些信息中，淹没在城市这样一个生产过剩的信息生产工厂之中。

伊斯兰教不主张刻意传教，回族很自然地继承了这一点。很少对社会公开宣扬自己的宗教信仰，而是较多注重自己的修为。笔者曾对一位阿訇说起过自己穿着民族服装坐地铁，却被别人认为是“邪教”的经历。他问笔者：“你跟她解释了吗？没有解释就对了，不要做无谓的解释，做好你自己就可以了，不要用话语去说服别人，而是要用行动去感化他们。”现在有不少的回族青年利用现代的网络技术，建立起了网络的穆斯林社区，虽然是公共的，但是基本上不主动对非穆斯林推广，面对的主要还是中国的穆斯林，尤其是回族，介绍民族文化，探讨信仰的问题以及解决一些回族在生活中遇到的问题，涉及饮食、家政、婚介以及对社会弱势群体的救助等方面。笔者有幸认识了中国青年穆斯林网站（www.muslem.com.cn）的发起人李某，他说：“我做这个网站不是因为想要宣传我们的宗教信仰，

① 杨文炯：《Jamaat 地缘变迁及其文化影响——以兰州市回族穆斯林族群社区调查为个案》，载《回族研究》2001 年第 2 期。

而是确实感受到有太多的回族穆斯林渐渐丢失了自己本民族的文化，有一种民族文化的危机感。你也看到了，现在不说是北京，全国很多地方的清真寺都不怎么开学习班。宗教的事情和民族的事情，在家里家长不说，在学校老师不讲。在北京这样的大城市中咱更是少数民族，没有一个文化群体就没有办法了解民族风俗和宗教信仰，不光本地回族，外来打工的回族同胞遇到了问题不知道怎么解决，也不知道找谁解决。我觉得有必要用自己现有的资源为我们的民族文化做一些贡献……根据我的了解，懂得上网的都是接受过一些基础教育的回族，虽然其中有不少没有受过民族文化熏陶，但却是拥有很不错的文化知识的有志青年，正是这部分人最容易受到现代文化的影响，且不容易安心学习民族的文化……虽然网络在很多人看来是没有现实基础的东西，但是我还是希望它能够联合更多的力量来坚持我们的民族文化，发展我们的民族文化，也希望能建成一个虚拟的穆斯林社区。我们在实际的建设中也遇到了很多问题，比如，对一些现实问题的理解，虽然我们也请了比较有学识的回族学者来解说，但是由于世界观的不同，很多时候是否能够真正达到解说的效果，我们无法测量。还有，民族文化是博大精深的，不是仅仅看一些肤浅的文章就能领会的，如果只是挑选自己喜欢的东西看，可能对民族文化整体的了解就会有所偏差。另外，学习的监督也是不可能达到的，因为现实中我们可以用舆论的方式来监督彼此，因为我们彼此熟悉，彼此知根知底。可网络毕竟是虚拟的，没有监督，是否真的能够坚持学习就成为问题，不过学习民族文化毕竟是自己的事情，我们只是提供一个平台。有时候也会遇到一些不讲理的人，他们来网站发一些诋毁穆斯林或者是回族的言论，尤其在比较敏感的时期，更是如此。这样的人总是让人很头痛。但是也没办法，这叫做世界的多样性，文化的多样性（笑）。”①

在访谈中，笔者也了解到，有不少中年回族逐渐接受了网络这一新事物，也会积极主动地利用电脑网络学习民族文化。这说明了回族民族文化的包容性，也说明回族文化在跟着时代的脚步不断发展前进。

---

① 李某，回族，采访日期：2009 年 1 月。

从以上的分析、论述可以看出，北京在城市现代化过程中形成了新的社会结构和社区结构，城市的规划对北京回族社区的发展产生了深远的影响，它改变了原有回族社区的地缘结构以及社缘结构，改变了家庭的基本形态，也改变了回族的知识结构，使得回族作为边缘的少数民族亚文化不得不改变自己民族文化原有的传承机制，并努力适应城市的现代化。随着中央对于少数民族文化愈加重视，北京回族文化也逐渐出现了“文化自觉”①，许多学者和有志于保护民族文化的人投身到北京回族文化的“重塑”中，出了不少的研究成果。但是一个民族不能只有精神文化，物质文化也非常重要，它是精神文化的载体。如果民族的服饰文化失去了服饰的实体就很难继续传承，因此回族在服饰上的缺失，需要我们给予更多的关注。

### （六）北京回族服饰文化与个体着装心理

群体是由个体组成的，个体具有群聚的本能，个体能在群体中寻求各方面的需求，比如安全、归属、自尊，等等，群体赋予个体一定的群体标签、社会角色，也能提高个体的能动性。个体与群体相互影响促成了群体文化的发展和变迁。这种群体与个体的互动也存在于北京回族群体之中。为了解个体与北京回族这个群体之间在服饰文化方面的互动心理过程，也为更清楚地了解个体的真实心理感受，调研采用了社会学实地观察的研究方法②。

调查过程中，笔者首先征得三个去清真寺里学习的年轻女大学生的同意，将她们作为个案来研究、比较。同时，自己也亲自到清真寺里去学习关于伊斯兰教的知识，尽力置身于这个群体中。在整个过程中，笔者尝试着穿戴属于本民族的服装。力求不仅仅在清真寺中穿戴，也在日常生活中这样穿戴。希望将自己也作为一个个案来研究，以便能够得到一些真实的

---

① 指生活在一定文化历史圈子的人对其文化有自知之明，并对其发展历程和未来有充分的认识。

② 实地观察也叫参与观察，其本质特点就是研究者深入到所研究对象的生活环境中，通过参与观察和询问去感受、感悟研究对象的行为方式及其在这些行为方式背后所蕴涵的文化内容，以逐步达到对研究对象及其社会生活的理解。

心理体会。更清楚地了解当事人的心理感受。

其中有一位女学生中途退出，理由是学业紧张，没有时间再来寺里面学习。下面就将参与调查的两个案例的情况做简单的描述。这一实地研究从 2008 年 10 月一直延续到 2009 年 5 月，中间由于学期放假的原因中断了两个月。

**个案 1**：参加体验研究的女学生 A，回族，来自宁夏同心，对于宗教的理解并非很深刻，经过家庭和社区的文化熏陶，她能够根据读音背诵一些《古兰经》的内容，据称这些都是她的奶奶在她很小的时候就教给她的。

“其实就像电视里面那些背诗句的小孩一样，我也就照着读音背下来了，至于讲什么没有了解过。礼拜是奶奶教的，小时候我经常被带着做礼拜，我在旁边学也就那么学会了。只是自己平时都没有注意做。上中学的时候有时候还戴盖头，只是觉得好玩，同学里面也有人戴，但都不是经常戴，那些学经的就不一样了。自从来这边上大学基本上就不戴了。周边的人都是汉族，戴那个别人会觉得我怪怪的。去年去中央民族大学参加过开斋节和古尔邦节的活动，那个时候还是戴了。去参加的都是穆斯林，不好不戴。而且同去的朋友说穿漂亮些去参加，说是去参加活动的那些少数民族的服饰都很漂亮，所以一定要穿有民族特点的衣服。”

在实际接触中，笔者观察到当 A 回到学校就不穿民族服装了。当问到为什么的时候，A 表示：“还是觉得和周边的人穿着差不多，会觉得比较舒服。不想被他们看成是怪物。我平时穿的衣服也还是比较保守的，我不喜欢太多的装饰，总感觉乱七八糟的。”在跟她一起去挑选衣服的时候，笔者也发现她所挑选的衣服都是比较简单朴素的，颜色偏向粉色，比较喜欢牛仔裤，不喜欢现在流行的“铅笔”裤这样的紧身裤，认为“那种裤子穿着都贴在腿上，不舒服。”笔者也发现，虽然 A 会穿戴民族的服饰，衣柜中她自己认为适合的民族服饰不超过两套。“我在老家的时候大家都是穿着商店里面卖的那种衣服，和现在的差不多，只是北京这边样子多一些，然后配个盖头就行了。”在她的衣柜里没有裙子，清一色的都是裤子。这说明虽然她的着装已经和汉族没有太大的区别，但仍然坚持了回族只穿裤子的“传统”。

**个案 2：**女学生 B，回族，北京地区人。B 对于宗教的理解比较肤浅，也不知道应该如何做礼拜，去清真寺学习是受一个维吾尔族姑娘的影响。“就前段时间过开斋节的时候吧，我和一个同学去牛街，因为她是外地的没有去过，我就带她去看看。在大街上我看到了一个穿长袍的维吾尔族姑娘，还戴着头巾。说实话来牛街很多次了，经常能够看到一些民族打扮的维吾尔族姑娘，觉得不是很奇怪，至少她们的长相还是比较像外国人，而一般穿戴也不是很讲究，短裙大领口的衣服也穿。这个维吾尔族姑娘很漂亮，穿着很漂亮的长袍，真的特别惹眼，我也不知道怎么，看到就觉得有亲切感，就跟她打招呼了，她很热情，跟我说了很多，之后也经常给我打电话，从对她的了解中，我开始对伊斯兰教有兴趣，也想学一些基本的知识。她就介绍我过来学习。我爸妈对我这样的做法，也觉得有些意外，因为他们对传统的东西了解也不是很多。我有时候戴着盖头回家，他们还觉得很奇怪。”

“我也不是随时都戴着，毕竟还是不习惯，这个环境还是不太认可这样的穿戴，我也没有长的像是外国人，所以我朋友里面也有人觉得好奇，我给他们讲了我学到的东西，还有这样穿戴的渊源和好处以后，他们也觉得能够理解。”调研者观察到，她和同学在一起以及与回族同胞在一起时的表现有所不同。与同学在一起的时候她会比较活泼，也很开放，敢于表达自己的意见。调研者曾和她一起穿着民族服装碰见过她的同学，感觉到她多少有些尴尬。她和回族在一起的时候，则表现得比较沉稳，听的多说的少。她自己也表示“我觉得两个或者更多人一起穿成这样出去，心里面会舒服很多。好像说话声音也大了一样，也不在乎旁边人的眼光。一个人还是有些别扭。不过，在北京也挺好的，即便你的穿戴很个性，也还是有很多人觉得正常，最多就是多看两眼”。她看来，穿着民族服饰能够体现出她的少数民族的身份，同时也是一种个性的打扮。这种着装心理源于现代西方在服饰上追求“个性”的影响，或许代表了一些人的着装心理。

虽然北京的回族人口很多，但是在这个文化中心，回族文化还是属于边缘文化。在北京回族这个群体内部也存在着“边缘性回族”。[①]这种边缘性是基于宗教信仰程度以及民族文化掌握程度所作的判断。如果将一种文化比喻成一个圆形，那么处于中心部分的就是核心文化，越接近圆的外延，就越具有边缘性。一般来说，处于文化核心部分总是能够有更强烈的群体文化归属感，而越是接近边缘就越存在群体文化归属上的矛盾心理。就像笔者所作的两个个案观察，不论对亚文化的北京回族文化，还是对主流文化的北京大文化，她们都处于边缘。在服饰上表现为，戴上盖头就是“回族穆斯林”，摘掉盖头就变得和大多数人一样。在这样的社会身份的转化，经常会给当事人带来心理上的矛盾。不戴盖头的时候觉得比较自在，可是戴上盖头又会很容易融入自己的群体，可以很直接地感受到自己的民族身份，总是处在隐藏或彰显自己的民族身份的矛盾中。

对此笔者在自己的亲身体验中也有相似的体会，因为这个民族身份带来的不仅仅是一种归属感，还有各种各样的规范——来自宗教的规范以及来自民族文化的规范。这对习惯了“自由自在”以及具有“侥幸心理”的个体来说确实是非常矛盾的，除非从心底深处认同自己的民族身份，否则很难自觉严格地规范自己的服装和行为。在亲身体验中，笔者感觉到虽然服饰具有识别功能，但它只是进入回族文化核心的一个敲门砖，带有民族特点服饰传递给其他穆斯林的不仅仅是民族的身份，还有一个隐性的认知，那就是宗教信仰程度比较高。随着交流的深入，如果被对方发现所穿戴的服饰和实际的民族文化和宗教知识之间有比较大的差距时，群体认同的程度也会随之降低。所以说服饰的文化识别功能是有限的，而对伊斯兰教的信仰仍然对“回族外在的族属识别以及内在我族认同”[②]具有重要的识别意义和功能。

---

① 张中夏：《回族现象观察的“点”与“面”——从三本回族调查资料的研究取向谈起》，载《回族研究》，2003 年第 2 期。

② 张中夏：《回族现象观察的“点”与“面”——从三本回族调查资料的研究取向谈起》，载《回族研究》，2003 年第 2 期。

# 第六章 北京回族服饰文化的发展趋势

传统对一个民族文化的发展是相当重要的，传统是过去，传统是历史，没有传统就没有了历史的积淀，这样的文化是无法长久发展的。正如社会学家 E. 西尔斯所说："传统是一个社会的文化遗产，是人类过去所创造的种种制度、信仰、价值观念和行为方式等构成的表意象征；它使代与代之间、一个历史阶段与另一个历史阶段之间保持了某种连续性和同一性，构成了一个社会创造与再创造自己的文化密码，并给人类生存带来了秩序和意义。"①

任何文化在面对变化的外部环境时，都会表现出不同的适应能力。有的文化拒绝改变，最终在历史的长河中成为过去；有的文化随着外部环境变化而变化，与其他文化融合，变得不再具有文化的独立性，甚至消失在更强大的文化中；还有一些文化能够在坚持自己的文化特点的同时，不断适应环境的变迁，从而持久地生存下去。从历史上回族文化的变迁来看，回族文化具有较强的适应能力，虽然不断地变通和融合，但始终在坚持着自身文化最核心的部分，如此才使得回族虽然处于汉族文化的腹地，却仍然能够具有相对的独立性。北京回族服饰所面临的城市的变迁是急剧的，该如何继续传统呢？失去了传统，北京回族服饰文化是否还可能持续下去呢？

陶红等在《回族服饰文化》②的第九章中曾对回族的服饰文化做了展望，并用时装化、礼仪化和民族化归纳了回族服饰文化的发展趋势。但是北京的回族生活在现代化的大城市中，必然有其自己的服饰文化发展特点。根

---

① [美] E. 西尔斯著，傅铿、吕乐译：《论传统》，上海人民出版社，1991 年。

② 陶红、白洁、任薇娜：《回族服饰文化》，宁夏人民出版社，2003 年。

据调查和实地观察，发现其发展趋势有以下五个方面：

### （一）礼仪化

在这里“礼仪化”指的是民族服饰更多地在民族礼仪场合被穿戴。例如回族的主麻日、民族宗教节日以及婚丧等礼仪场合。据实地了解，云南纳古镇、甘肃临夏以及新疆喀什这样民族文化很浓的地区，日常生活中穿着“标准”的民族服饰的回族都开始减少，在北京这样的大城市中甚至是重要的礼仪场合也没有太多的人穿戴民族服饰，和非城市地区相比，民族服饰基本退出了人们的日常生活。在调查中40%的人表示他们会在开斋节、古尔邦节这样的民族节日戴白帽、盖头。在随机采访中有超过半数的人表示“穿戴民族服饰太‘个性’了，平时只有和同族人在一起才可能穿戴”。在这些“礼仪”场合中，如果按照与事件的相关程度来看，事件的“主角”更注意自己的着装，而与事件相关程度较低的人就不太注意自己的穿戴，越低就越不在意。这在一定程度上能够说明北京回族服饰在现代城市化背景下愈加的“礼仪化”。这是北京回族服饰文化发展的一个趋势，也可以说是当今都市化背景下大部分民族服饰存在的共性。

### （二）符号化

民族服饰的一个很重要的特性就是标注了个体的民族身份。在城市化过程中民族服饰迅速退出少数民族的日常生活，使民族服饰已经变成标注个体民族身份的简单符号。在问卷调查中，当要求对印象中的回族民族服饰进行描述时，有100%的人写了白帽和马甲，还有87%的人写了盖头或者头巾。当问及是否戴过盖头，年纪在30岁以下的女性中有80%的人都没有戴过。也有不少人以礼拜帽上的图案太花哨不符合他理解的“回族服饰”为由转而选择纯白色的礼拜帽。“其实我们在一起的时候，大多时候都不戴礼拜帽了，都知道彼此的民族，觉得没有什么必要。”可见，回族的服饰不仅仅在其他民族认知中极度的简单化和符号化，即使是在北京回族群体中也是如此。在要求选择传统回族服饰所用颜色的时候，100%的人选择绿色和白色，有 84% 的人选择黑色，其他颜色很少有人问津。帽子已经变成男女都能戴的民族服饰和宗教文化的象征。在人们的认识中，传统的回族服饰已经以一些简单的特征，嬗变为一种民族文化的符号。

### （三）时尚化

今天的社会，凡是在文化繁荣、交流频繁的地区，都会有时尚存在。民族服装的发展同样也受到现代时尚文化的影响。尤其在北京这个文化交流的中心都市，回族日常服饰受世界时尚潮流的影响是必然和巨大的。如今的北京即便是在宗教节日时的清真寺里，也可以见到不少穿戴传统头饰、却配以现代时尚装束的人；有些女士戴着帽子烫着卷发；有的年轻人穿着时尚的运动服，在礼拜的人群中不乏有穿着帽衫用连衣的帽子代替礼拜帽的，这些都是现代北京回族服饰时尚化的重要表现。回族的民族服装还有自己的时尚。如前文所提及的“巴服”、“马来服”，以及国外来的一些盖头、帽子，这些时尚潮流来自纷繁的各个穆斯林民族的服饰文化。这其中既有来自国内信仰伊斯兰教民族的，也有来自国外信仰伊斯兰教国家的。既有国外的穆斯林将自己的服饰带入中国的，也有国内穆斯林将国外服饰带入国内的，还有通过商业活动进入国内的，如在牛街，不少服装店中出售的服装就来自马来西亚、巴基斯坦和也门等信仰伊斯兰教的国家。来自国外穆斯林的服饰因素对回族服饰的影响比较明显。

在开斋节的活动中能看到很多来自世界各地的穆斯林穿着各自的民族服饰。一位姓张的乡老说：“每年过节的时候，尤其是开斋节的时候，就会有很多的来自国外的穆斯林来做礼拜，她们的衣服都五颜六色的，看着花花绿绿的也挺好看。爱美之心人皆有之啊。”而另一位年轻的回族姑娘在被询问会选择什么样的民族服饰的时候曾表示：“你看那些国外的穆斯林，人长的都很漂亮，穿着那些服装，戴着盖头都是色彩斑斓的，挺好看。要是有卖那样的衣服的，我都想买，谁不想穿得漂漂亮亮的啊。”由此我们可以看出北京回族着装心理的一些变化。

另一方面，每年朝觐的时候都有不少人从麦加和途中经过的其他伊斯兰教国家带回来一些形制、颜色新颖漂亮的服饰，除了自己穿戴外也作为礼物送给亲戚朋友。在宁夏调研时有个回族小吃店的老板就戴着朋友从麦加带回来的帽子，从其言行中可以知道他对自己的帽子非常满意。牛街的优素福穆斯林用品商店里卖盖头的女孩在聊天时说："每年我们都要在朝觐回来的时候准备一些新货，有不少人路上没有时间买盖头和工艺品的很多都会来店里逛逛，带点回去。"在店里做市场调研中，笔者曾碰到一个刚刚朝觐回来的"哈吉"，他在自己的妻子试戴一款长宽的盖头时说："这戴着就有点穆斯林的感觉了，你看麦加的那些妇女不就这么穿戴吗？"以上种种说明，回族服饰的时尚化不是建立在民族认同之上的，而是建立在文化认同和宗教认同之上的，尤其是宗教认同，可以说是国外穆斯林服饰能够成为回族服饰时尚因素的一个基本条件。

### （四）多样化

北京回族服饰发展的另一个重要的趋势就是多样化。在前文论述中可以看到回族服饰形成之初就是多元化的，经过历史的融合、沉淀，最终形成了回族服饰独有的文化内涵。又因为诸多历史因素不断简化到"简、密、长、遮"的服饰准则。由于北京地区的文化具有较大的开放性，使这里的回族有了更多的对外文化交流的机会，也更容易接受新的文化形式，从而为北京回族服饰多样化提供了现实的可能性。不像汉服有文字和绘画甚至原型作为参考，有可能"复原"。回族服饰少有文字记载，绘画和原型更是难得一见，这样就给了现代回族服饰创新以更广阔的发挥空间。

北京回族服饰的多样化一方面是因为现代服饰文化多样性的影响。独立、个体、个性、特立独行、前卫、与众不同、另类等等都是现代人在解释时尚时经常会用到的词语。这说明现代西方服饰文化是以强调个体性来改变民族服饰文化生存所依赖的群体意识。另一方面由于北京回族服饰文化本身就较为匮乏，同时在回族民族内部又有强烈的文化回归的需求，使得不少有意要保护民族文化的人致力于回族民族服饰的开发出现多样性。在调查中，绝大部分人都认为西北地区的回族以及其他信仰伊斯兰教的少数民族（尤其维吾尔族）的文化和民族服饰文化是非常浓厚的。这些地区的服饰在民族文化认知上具有"权威性"。因此国内信仰伊斯兰教的少数民族的服饰，尤其来自西北地区的回族服饰也成为北京回族服饰效仿的对象。来自国外的穆斯林民族的服饰元素也经常被用在回族服饰的开发中，这也是因回族的“天下穆斯林皆兄弟”的文化认同心理。北京回族服饰不仅仅在色彩和花纹图案上，甚至在款式上都不同程度地吸收了来自各个方面的文化养分，不断地创新，逐渐走向多样化。

### （五）服饰中民族性与宗教性逐渐分离

在伊斯兰文化中民族与宗教信仰是很难分开的，在研究受到伊斯兰文化深刻影响的民族时，我们不可能避开信仰的因素。这种因素表现在信仰伊斯兰教的民族服饰上就是服饰的民族性与宗教性结合，回族的民族服饰也是如此。回族服饰中的民族性是指服饰中体现了民族文化意识的部分，而宗教性则指服饰上体现了宗教信仰的部分。总体上看，服饰中宗教的元素总是表现出严肃性、稳定性和较强的传承性；民族的元素则体现为多样性、多变性和可发展性。也就是说在回族的主体服饰中同时蕴涵了宗教和民族两种元素。当调查着装态度时，不穿戴回族服饰的人中有 84% 的人同意“我不信伊斯兰教，所以我不穿戴回族服饰”的说法。在访谈中也有年轻人有类似的表述。可以看出，在不少人看来回族服饰的宗教性要多于民族性。而民族性与宗教性的分离源于回族的信仰与民族的分离。有 76% 的人同意“回族不等于信仰伊斯兰教”的说法。有一位回族老人直接告诉笔者，“我是无神论者，不整那些东西（指不穿戴民族服饰）”。在同汉族聊天的时候也有不少人说起他认识的某人是回族，却吃猪肉。

鉴于此，我们可以用另一种观念来认识回族服饰中的民族性与宗教性。即随着社会发展变迁，宗教信仰逐渐变化（信仰减弱，上寺与否），民族文化融合愈加深刻，体现在服饰上的宗教性和民族性也随着社会发展而变迁。在中国户籍制度的前提下，人们更多关注了血缘与民族的关系，而非考虑信仰与民族的关系。现代城市中回族的信仰与民族之间产生了裂痕，致使原本服饰中不可分离的民族性与宗教性也出现了裂痕。这直接导致了在现代化城市中，回族服饰的宗教性表现得更加明显，而代表民族性的部分由于本身就比较欠缺而逐渐被人遗忘。

# 第七章
# 开发北京回族服饰的价值及其可行性

## （一）北京回族服饰与西北地区回族服饰的关系

北京是全国的文化中心，北京回族的服饰文化无疑会影响其他地区，尤其西北相对比较闭塞的地区的回族服饰。也许北京的回族服饰不够“传统”，甚至被西北的人说是“教门不好”，但是这里丰富的信息和服饰上的不断创新对回族服饰整体发展的影响是无法忽视的。传统与创新之间并非矛盾，没有了传统，文化就谈不上创新，文化的发展也就失去了意义而成为空中楼阁。在调查的时候，当笔者说明了自己的籍贯是宁夏回族自治区时，所有人都会认为，我必然会懂得更多的民族传统文化，如果再穿上具有民族特色的服饰，就会给人以教门很好的暗示。这让笔者体会到，在北京的回族中，很多人认为西北的回族是民族传统文化最浓厚的地区。仅从这一点上就可以看出，西北地区的回族服饰对北京的回族服饰还是具有较重要的影响的。加之宁夏近些年来在回族服饰文化方面的不断努力和创新，更使其成为民族文化方面的“传统”与“权威”。北京的回族服饰设计师大都会基于西北地区回族服饰的特点来设计回族的民族服饰。

## （二）开发北京回族服饰的重要性

国家近年来不断地加强民族文化的开发与保护工作，这项举措深得人心，在国家政策的倡导下，不少回族都投身到了传承民族文化的事业中。这使西部地区的回族与北京回族之间的交流不断加深，为北京回族文化的发展带来了浓厚的传统文化气息。北京的不少回族青年逐渐对自己的民族文化有了兴趣，并且产生了学习本民族文化的愿望。在牛街的学习班以及南下坡清真寺的学习班都能看到一些年轻人的身影。北京的多个回族网站或者说是穆斯林的网站也成为新时代的青年学习民族文化的新途径。虽然这部分人为数不多，也不一定能够一直坚持下去，但是毕竟出现了民族文化在回族青年中的“回归”。虽然这种现象并非很普遍，影响也很一般，但无疑是为回族文化的发展开了一个好头。此时，作为民族文化重要载体之一的服饰，就成为北京回族彰显自己民族身份的重要方式。

如上所述，北京回族服饰与西北地区回族服饰是创新发展与传统继承的关系，因此，在全国回族服饰文化的发展过程中，北京的回族服饰文化应该成为回族服饰文化发展的领头羊，发挥它的文化交流的优势，为回族服饰文化传承找到一条出路。

回族是中国少数民族中城市化程度非常高的一个民族，如何发展城市中的回族服饰文化，是亟待解决的问题。同时，若能够解决好大城市的服饰文化与回族民族服饰文化之间的矛盾，可以为保护和发展其他少数民族服饰文化起到示范的作用，对推动中国民族文化的繁荣也会产生积极的意义。

### （三）开发的可行性及建议

北京宽松的文化环境和丰富的文化交流，为回族服饰的研发提供了较大的发展空间。一位乡老就说，“我们现在买衣服只能在那些商场里面找合适的，可毕竟不是专门为穆斯林做的，很多都还是不合适。其实我们穆斯林的要求也不高，男士服装嘛，不可能有那么多花哨的东西，合体，宽松，庄重就可以了，我去马来西亚的时候就觉得人家那边的服装店里，很容易就能找到合适的衣服，但是话又说回来，那都是他们民族的风格，我们还是需要有自己的民族风格的衣服，否则你说跟人家交流的时候怎么能体现不同啊”。但是当问到什么样的服饰可以算是民族服饰的时候，被采访对象大都无法准确地描述，只是表示这方面很欠缺。也有人提到西北的回族服饰，一位女乡老说：“我觉得你可以设计一些，像宁夏回族的服饰就可以用来做参考，我去过那里，觉得有不少盖头的样子还是挺好的，比较有特点，可以做参考。”①

调查中针对回族服饰市场的问题，有70%的人表示希望能够有专门卖回族服饰的商店，也希望能够有比较满意的服装，但是这70%的人有半数以上分布在50岁以上的人群中。虽然设计合适的回族服饰有一定的市场，调查中也有一些回族青年在倡导穿着民族服装，但不可否认的是，大多数穿着回族服饰的都是中年人和老年人，且多偏向于老年人。

在采访中，上年纪的人都表示衣服不能太花哨，选择的装饰图案不应该用动物图案，但在这方面年轻人对这些则不太忌讳，这一方面说明年轻人在民族文化传承上有一定的欠缺，另一方面也说明年轻人在服饰上具有更多的宽容性。在服饰的颜色上年轻人会选择花色漂亮的，很少考虑深色的，老年人则多选择白色和深色的。由于北京市场对回族服饰有需求的多半是中老年人，且这部分人都是比较虔诚的穆斯林，所以商店里能买到的盖头、头巾、服装等在色彩上较暗涩，在款式上较“守旧”，没有很多的“装饰”。虽然商店里面卖的盖头有很多款式，但是比较受欢迎的是那种直接套头的、经过加工的简易式盖头，尽管方巾戴起来很好看，但很多人因为不懂得如何戴，或者觉得“麻烦”而不选择。在清真寺周围的穆斯林用品小店中，盖头多为素雅、淡色以及白色。在开斋节这样的吉庆日子，清真寺的穆斯林用品商店也会进一些色彩比较显眼的盖头，商店里所卖的服装都是很简单的袍子和长大衣，缺少民族性元素，也有一些具有民族性的回族服饰，因装饰比较粗陋和设计理念上的偏差，而不适合在日常场合穿着。（见附录二图59）

在设计回族服饰之前，需要深入的市场调查，由于调研人力不足，笔者只能就自己观察到的以及手头掌握的资料对回族服饰的设计提出一些意见。

第一，在服饰设计的定位上应该偏向于成年人服饰，尤其老年人。针对老年人服饰的设计，要考虑老年人在生活上、民族习俗上的需要，不要太多的装饰，款式要注重“简、松、遮”三个基本的传统服饰审美以符合宗教的基本要求。针对成年人的服饰，则应依据实际情况，制作高质量的、

① 随机采访对象，女，回族。

能够在礼仪场合表现个人民族身份的服饰。

第二，要充分认识到，虽然回族文化有回归的趋势，但是回族服饰礼仪化的趋势仍然是主流。购买民族服装的人很少会在日常生活中经常穿戴，所以，既要体现服装的民族性，又不能太过张扬；既要能够融入现代服饰文化，又要能够表现出民族特点，舞台元素要少用，贴近生活才有可能渐渐融入日常生活。

第三，设计中在加入其他穆斯林民族的款式、图案、色彩等方面的元素的同时，也要注重挖掘传统回族服饰。虽然同属于穆斯林民族，但是北京的回族受到汉文化的影响，比较喜欢汉族传统的花卉图案和几何图案，并且不排斥作为服饰的装饰图案使用，然而老年人依然不会选择带有龙、凤之类的动物图案装饰服装。要强调的是民族认同不是单向的，作为文化组成的民族服饰，在得到本民族认可的同时，也要得到其他民族的认同。目前市场上新设计的回族服饰虽然基本可以得到本民族的认同，但是能否得到其他民族的认同却还是一个很难回答的问题。这些创新的服装是否真的能够算是回族的民族服饰，还需要经历很长的时间来考验、沉淀，在发展过程中达成共识。

第四，回族服饰的设计中一些时尚元素也是可以使用的，但是颓废的、邋遢的、另类的风格不可以用到回族服饰的设计中。素雅的、庄重的、落落大方的服饰审美在回族服饰文化中仍然有很深的文化基础。

第五，在针对年轻人的设计中，可以选择鲜亮的色彩和多样的材料。棉麻以及编织类布料都可以选择，但是太薄太透的材料不可以单层使用，女性的服饰还是要做到遮蔽的效果，不能刻意暴露。可以有一定的曲线，但是不可以过于张扬；裙装是可以设计的，但超短裙则不能采用。

第六，在注重女性服饰的同时也要注重男性服饰的设计。现代的回族服饰设计多偏向于女性服饰，女性服饰具有更多的创作空间，男性的服饰变化较少这是不争的事实，但并非说男性的服饰不重要。在实际调查中发现，男性服饰的需求其实是有的，只是很少有人关注。在设计中可以加一些花纹的装饰，但是同样不能使用动物的图案，且男性的服饰多注重用料、颜色和裁剪，款式上冬天多偏向于长款的大衣，夏天则偏向于透气舒适的白褂。就目前所掌握的资料来看，这部分需求比较分散，不容易统计。

第七，设计要与市场结合。从民族服饰的设计研发到生产再到销售，都需要有一个比较好的顺畅的渠道，否则设计出来了好的服装，无人知晓，供需之间的信息不能顺利沟通，民族服饰也无法做到真正的推广。在设计方面应该多结合、鼓励高校的设计队伍，多做市场调研；在生产方面，可以考虑利用义乌、青海、宁夏等地的民族服装企业，不一定要在北京地区开设生产线；在销售方面，可以选择多种销售渠道。清真寺周边的穆斯林用品店是较好的推广场所，而清真寺周边的民族用品商店也不应忽视。由于现在城市中的回族已不像以前那样聚居在一个社区，而是分散在城市的各个角落。所以卖民族服饰的实体店可能会比较受欢迎，但是也不妨尝试一下网络商店这种新的销售形式。

总体来说，回族服饰的设计要符合实际需求才能够有市场，才能够有发展。

## 小结

虽然不少人在怀疑北京作为“时装之都”的作用，虽然面对现代西方文化的进入，北京在世界时装界的地位不如巴黎、纽约、米兰、伦敦、东京等时尚之都的地位高，甚至现今的北京时装很大程度上是受到以上这些时尚都市的影响，但是不可否认北京对国内民族服饰的影响力。即便我们将目光投向中国其他地区的回族时，今天的北京仍然在回族服饰的发展中起着非同小可的作用。换句话说，北京的回族服饰的发展必然会引领整个回族服饰的走向。

回族自身渴望着能够找到自己的民族服饰，进而在外观上和文化内涵上达成整个民族在服饰文化上的审美共识。很多有识之人“肩负”民族的使命，在回族服饰的设计、研发上做了大量有益、值得称道的努力，虽然这些服装很多还只是借鉴穆斯林世界其他民族的特点，虽然这些服饰还缺乏回族服饰文化内涵，还没有真正融入中国回族服饰文化中来，虽然这些服饰还只是现代服饰文化大潮中的一朵浪花，但我们相信，只要社会各界积极努力，现代回族民族服饰的最终形成绝不是梦想。

# 结 语

回族从形成发展至今，仍然能够坚持自己的文化传统，是因为回族在坚持不抛弃自己的传统文化的同时，吸收新的事物，能够不断地向前发展。庞朴先生认为：“传统不是可以逐气温而穿脱的衣服，甚至都不是可以因发育而定期蜕除的角质表皮。传统是内在物，是人体和虫体本身；精确点说，是人群共同体的品格和精神。它无法随手扔掉，难以彻底绝裂，除非谁打算自戕或自焚。”[①]离开自身传统的现代化是空中楼阁。从文章对回族历史的回顾中我们不难发现，不论是回族的形成、经历的劫难，还是另辟蹊径的经堂教育、“以儒诠经”的回族哲学体系的构建，抑或是现代的传统文化的回归，伊斯兰教都是回族文化得以传承和发展的核心，它自始至终地支撑着回族文化的稳步发展，它不仅仅是传统也必将是回族自身实现民族现代化的历史基础以及文化源泉。虽然有不少人会说回族和其他民族一样在现代化的进程中汉化或者是西化，但是仍然有一股民族的核心力量在支撑着回族的现代化，它表现出很强的宽容和融合能力，它会基于自身的文化传统并结合外在的文化环境及时做出调整。如面对网络这样新鲜的事物，它也采取了接受的态度，并予以合理的解释。

城市化是现代化的必经之路，这是无可质疑的。与其他民族一样，回族也必然要接受这样的外部环境的变革，一样要面对这个世界天翻地覆的变迁。北京的回族服饰文化在城市的现代化进程中，也一样不可避免地因为传统社会结构的解体而不得不面临传统文化无法传承的危机。

① 庞朴：《一分为三》，海天出版社，1995 年。

皮之不存，毛将焉附？丢失了传统文化，回族的服饰文化不仅会在伊斯兰文化圈中失去自己民族服饰文化的独立性，也会在当今服饰文化多元化的世界中失去自己的立身之地。如今，无论是官方还是民间，中国文化与伊斯兰文化之间都在积极地沟通、交流。国家领导人之间的互访和伊斯兰文化著名学者之间的互动，无疑都给信仰伊斯兰教的回族提供了一个更好的文化交流平台和民族文化回归的契机。在此基础上，我们要立足于城市，积极地面对城市化背景下西方文化对民族文化、现代文化对传统文化的挑战，更要积极地利用回族民族文化与伊斯兰文化之间的渊源，以求进一步加深不同文化间的交流。相信回族的服饰文化能够继承自身的传统，向着更广阔的空间不断发展。

# 后 记

本书是我的导师郭平建教授的项目研究成果，也是我硕士研究生学位论文的主要内容。也正是因为学位论文的缘故，我总觉得对北京回族服饰文化的研究有些浅薄。经过两年的思索，我对书中的有些内容进行了更加深入的考量。虽然依然可能存在不妥当之处，但觉得所调查研究的内容还是有一定的学术和应用价值，值得出版。

在本书即将出版之际，首先，要感谢我的导师郭平建教授。在研究生学习的过程中他给了我诸多的指导，让我受益匪浅。在选题、调研方面给了我非常大的支持，在论文的撰写过程中更是耐心指导。在毕业后，他依然费心督促我继续在民族服饰方面的研究，可谓良师益友。

感谢中国伊斯兰教协会的余振贵老师能够接受我的采访，也非常感谢他给我提供的不可多得的参访机会，还要感谢他在我收集民国时期回族资料的过程中给予的帮助。感谢上海师范大学的王建平教授热心提供的民国时期图片资料用于研究。感谢那些在马甸、东四、牛街采访过程中给予我帮助的回族同胞和穆斯林兄弟。感谢在新疆调研中给予我帮助的所有维吾尔族兄弟们。感谢牛街马培廉阿訇一家在调研中提供的诸多方便。更要感谢那些不便透露姓名的热心乡老和各个清真寺的阿訇们。没有这些穆斯林兄弟姐妹的支持，本书中不会有如此丰富的资料。

同时还要感谢那些在回族研究中贡献卓越的学者们。是他们丰富渊博的知识和深刻的认识引导我深入理解了回族文化的真谛。

最后，要感谢引导我进入民族文化研究领域的父母，以及他们在我研究道路上、在亲情上一如既往的支持。

陶萌萌

2012 年 10 月于银川

# 参考文献

1.[ 美 ] 亚历柯斯·英克尔斯著，陈观胜等译：《社会学是什么——对这门学科和职业的介绍》，中国社会科学出版社，1981 年。

2.[ 美 ] 戴维·波普诺著，李强等译：《社会学》（第十版），中国人民大学出版社，1999 年。

3.[ 美 ]E. 西尔斯著，傅铿、吕乐译：《论传统》，上海人民出版社，1991 年。

4.[ 美 ] 马克·赫特尔著，宋践等译：《变动中的家庭——跨文化的透视》，浙江人民出版社 ,1988 年。

5.[ 英 ] 马歇尔·布鲁姆霍尔：《中国伊斯兰教——一个被忽视的问题》（内部参考学术资料），1910 年。

6. 白世业、陶红、白洁：《试论回族服饰文化》，载《回族研究》，2000 年第 1 期。

7. 戴平：《中国民族服饰文化研究》，上海人民出版社，1994 年。

8. 傅统先：《中国回族史》，宁夏人民出版社，2000 年。

9. 丁菊霞：《西部回族 50 年社会经济变迁述略》，载《回族研究》，2007 年第 1 期。

10. 华梅著：《服饰社会学》，中国纺织出版社，2005 年。

11. 高占福：《大都市回族社区的历史变迁——北京牛街今昔谈》，载《回族研究》，2007 年第 2 期。

12. 郭平建、林君慧、张春佳：《北京牛街回族妇女服饰的变迁及发展趋势》，载《内蒙古师范大学学报》（哲学社会科学版）2007 年第 5 期。

13. 姜立勋、富丽、罗志发：《北京的宗教》，天津古籍出版社，1995 年。

14. 良警宇：《牛街：一个城市回民社区的形成与演变》，中央民族大学出版社，2006 年。

15. 良警宇：《从封闭到开放：城市回族聚居区的变迁模式》，载《中央民族大学学报》（哲学社会科学版）2003 年第 1 期。

16. 李振中：《论中国回族及其文化》，载《回族研究》2006 年第 4 期。

17. 李松茂：《回族史指南》，新疆人民出版社，1995 年。

18. 林君慧：《北京回族妇女服饰文化及其发展趋势研究》，北京服装学院硕士学位论文，2007 年。

19. 刘东升、刘盛林：《北京牛街》，北京出版社，1990 年。

20. 刘军：《伊斯兰教与回族服饰文化》，载《黑龙江民族丛刊》2005 年第 4 期。

21. 马坚译：《古兰经》，中国社会科学出版社，1996 年。

22. 马强：《流动的精神社区——人类学视野下的广州穆斯林哲玛提研究》，中国社会科学出版社，2006 年。

23. 马寿荣：《都市回族社区的文化变迁——以昆明市顺城街回族社区为例》，载《回族研究》2003 年第 4 期。

24. 马寿荣：《都市民族社区的宗教生活与文化认同——昆明顺城街回族社区调查》，载《思想战线》2003 年第 4 期。

25. 马寿荣：《都市化过程中民族社区经济活动的变迁——昆明市顺城街回族社区的个案研究》，载《云南民族大学学报》（哲学社会科学版）2003 年第 6 期。

26. 马婷：《回族历史上的五次移民潮及其对回族族群的影响》，载《回族研究》2004 年第 2 期。

27. 纳国昌：《回族的丧葬制度》，载《云南民族学院学报》（哲学社会科学版）1995 年第 4 期。

28.[泰]纳静安：《北京回族女性的文化传承与变迁——以北京牛街李家为个案》，北京外国语大学硕士学位论文，2005 年。

29. 纳麒：《传统与现代的整合》，云南大学出版社，2001 年。

30. 庞朴：《一分为三》，海天出版社，1995 年。

31. 裴圣愚：《城市民族社区建设研究——以湖北省襄樊市友谊街回族社区为例》，载《襄樊职业技术学院学报》2007 年第 5 期。

32. 彭年：《浅说北京的伊斯兰教》，载《回族研究》2001 年第 2 期。

33. 陶红、白洁、任薇娜：《回族服饰文化》，宁夏人民出版社，2003 年。

34. 佟洵：《伊斯兰教与北京清真寺文化》，中央民族大学出版社，2003 年。

35. 王正伟：《回族民俗学概论》，宁夏人民出版社，1999 年。

36. 王志捷：《宗教在民族文化形成和发展中的作用》，载《中国民族报》

2008 年 6 月 24 日第六版。

37. 杨怀中、余振贵：《伊斯兰与中国文化》，宁夏人民出版社，1988 年。

38. 杨启辰、杨华：《中国穆斯林的礼仪礼俗文化》，1999 年。

39. 杨淑媛：《民族服饰文化散论》，载《贵阳金筑大学学报》（综合版）2001 年第 6 期。

40. 杨文炯：《Jamaat 地缘变迁及其文化影响——以兰州市回族穆斯林族群社区调查为个案》，载《回族研究》2001 年第 2 期。

41. 杨文炯：《城市界面下的回族传统文化与现代化》，载《回族研究》2004 年第 1 期。

42. 张春佳、郭平建:《面纱下的思想回归——记西北四省穆斯林服饰发展状况》，《饰》2008 年增刊。

43. 张中复：《回族现象观察的“点”与“面”——从三本回族调查资料的研究取向谈起》，载《回族研究》2003 年第 2 期。

44. 郑杭生主编:《社会学概论新修》(第三版)，中国人民大学出版社，2003 年。

45. 周传斌、马雪峰：《都市回族社会结构的范式问题探讨——以北京回族社区结构的变迁为例》，载《回族研究》2004 年第 3 期。

46. 周传斌、杨文笔：《城市化进程中少数民族的宗教适应机制探讨——以中国都市回族伊斯兰教为例》，载《西北第二民族学院学报》（哲学社会科学版）2008 年第 2 期。

47. 周立人：《论伊斯兰哲学与美学》，载《回族研究》2004 年第 1 期。

48. 周立人：《伊斯兰服饰文化与中西服饰文化之比较》，载《回族研究》2007 年第 1 期。

49. Linda B. Arthur,Introduction, Dress and the Social Control of the Body,in B. Arthur, Ed., Religion, Dress and the Body, BERG, 1999.

**附录一**

# 北京回族服饰文化调研问卷

亲爱的朋友：

您好！

我们是某学院回族服饰文化研究组的研究人员。怀着对穆斯林服饰的热爱和对回族文化发展的责任感，开展了这次对北京回族服饰文化的调研。希望通过调研，能够设计出群众喜欢的服饰，为丰富回族的服饰文化添砖加瓦。

我们的问卷只用于科研，不记名，不对外公开，请您放心答卷。请在最接近您答案的选项数字上画勾。谢谢您的帮助！

1.您有回族的民族服装吗？

是　　　　　　　否

2.您认为回族有自己民族风格的服饰吗？

（1）有　　　　（2）没有　　　（3）不清楚

如果您认为有的话，是什么样的________________________________

3.请您简单描述一下回族的民族服饰：

________________________________________________

________________________________________________

4.您认为传统回族服饰的颜色是（可选多项）：

（1）绿色　（2）白色　（3）黑色　（4）蓝色　（5）黄色　（6）红色

5.如果看到街上的戴着盖头、穿着长袍或者戴着白帽的人，您认为：

（1）很好，这是民族文化的一部分，我们应该继承发展。

（2）这样的穿着，在实际生活中不太方便，而且影响跟别人的交流。

（3）这样的穿戴是教义里面要求的，是信仰的一部分，需要遵守。

（4）这样的穿戴有些太封闭了，毕竟现在是21世纪了，要跟着社会进步。

6.如果过节或者做礼拜的时候需要戴礼拜帽或者盖头，您会选择：

（1）普通礼拜帽　　　　（2）好看的礼拜帽

（3）普通纱巾或盖头　　（4）好看的纱巾或盖头

7.您会选择在什么时候穿着这样的服装？

（1）从来不穿　　　　（2）偶尔过节穿

（3）做礼拜的时候穿　（4）平时都穿着

8. 您觉得回族与伊斯兰教的关系：

（1）回族生下来就是穆斯林

（2）回族有信仰自由的权利，是回族不等于信仰伊斯兰教

9. 您觉得礼拜帽或者盖头与宗教的关系：

（1）信仰宗教的人才那么穿戴

（2）民族服装而已，与宗教没有啥关系

10. 您知道且了解以下哪些与回族相关的名词（可多选）：

宰牲节（古尔邦节） 开斋节 圣纪 五功 朝觐 聚礼 主麻 把斋 贵月 戴斯塔尔 大小净 都不了解

11. 您是否希望有专门卖回族服饰的商店？

12. 您是否希望能够买到合适的民族服装？

13. 您的年龄：

（1）20 岁以下 （2）21—30 岁 （3）31—40 岁

（4）41—50 岁 （5）50 岁以上

14. 您的学历：

（1）初中及以下 （2）高中或中专、技校

（3）大专或本科 （4）硕士及以上

15. 您的职业：

（1）服务行业 （2）公司职员 （3）事业单位 （4）公务员

（5）自由职业 （6）个体 （7）学生 （8）其他________

16. 您多久去一次清真寺？

（1）从来不去 （2）节日去 （3）平均每月去一次

（4）平均每周去一次 （5）每天都去

17. 您去麦加朝觐过吗？

（1）去过 （2）没去过，打算去 （3）不打算去 （4）不清楚

18. 您的家庭收入大概是多少？________________

再次感谢您的参与以及对我们研究的支持！

附录二

# 北京回族服饰文化调研插图

图 5 牛街清真寺欢度开斋节的回族穆斯林（陶萌萌摄于 2008 年 10 月 2 日）

图 6（左）图 7（右） 带着孩子在清真寺欢度开斋节（陶萌萌摄于 2008 年 10 月 2 日）

图 8 牛街清真寺等待开斋节聚礼的穆斯林（陶萌萌摄于 2009 年 9 月 12 日）

图 9 开斋节礼拜结束后熙攘的人群（陶萌萌摄于 2007 年 10 月 13 日）

图 10 阿訇在给新婚夫妇讲伊斯兰教中的婚姻制度以及今后生活中应该注意的事项（陶萌萌摄于 2009 年 9 月 19 日）

图 11　新婚夫妇双方家属与阿訇合影留念（陶萌萌摄于 2009 年 9 月 19 日）

图 12（左）图 13（右）市场上租赁的婚礼服（陶萌萌摄于 2008 年 12 月 9 日）

图14　在阿訇带领下，亲友排成至少三行，面向西，站“者那则”（前排的除了阿訇外还有教门比较好的老乡）（陶萌萌摄于2009年6月19日）

图15　在阿訇带领下，亲友排成至少三行，面向西，站“者那则”（女性以及教门较差的回族穆斯林，跟着站在后面）（陶萌萌摄于2009年6月19日）

图16　在遗体下葬的时候，阿訇和有德行的乡老要诵读《古兰经》、赞圣词等
（陶萌萌摄于2009年6月19日）

图17　将埋体从木匣中取出，准备葬入坟坑
（陶萌萌摄于2009年6月19日）

图18　将埋体放入准备好的坟坑中，再放入花椒等香料，杀菌（陶萌萌摄于2009年6月19日）

图19　亲属在阿訇的带领下接“杜瓦伊”（祈求真主饶恕死者的罪恶）（陶萌萌摄于2009年6月19日）

图 20　2008 年古尔邦节在麦加阿拉法特山进行站山诵经仪式的穆斯林，他们所穿着的衣服就是“戒衣”

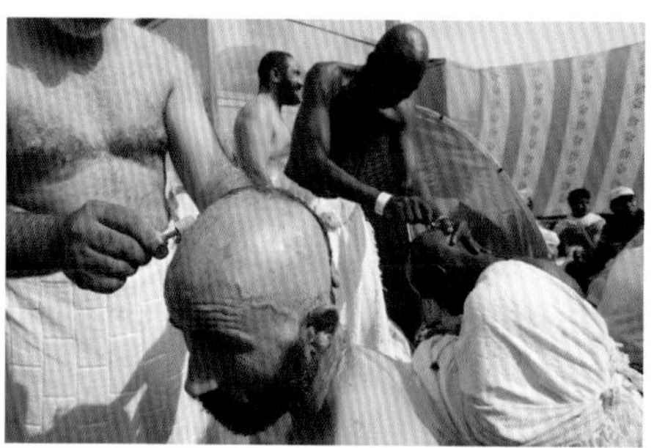

图 21　2008 年 古尔邦节正在“剪发开戒”的穆斯林

图 22 阿訇冬天的穿着，东四清真寺（陶萌萌摄于 2008 年 12 月 12 日）

图 23 阿訇冬天的穿着，东四清真寺（陶萌萌摄于 2008 年 12 月 12 日）

图 24　正准备做主麻的阿訇（前排）和回族穆斯林（后排）（陶萌萌摄于 2009 年 6 月 18 日）

图 25　阿訇春夏的穿着，牛街清真寺（陶萌萌摄于 2009 年 6 月 18 日）

图 26 牛街女寺中做礼拜的回族妇女（陶萌萌摄于 2007 年 10 月 13 日）

图 27 牛街刚做完礼拜的回族妇女（陶萌萌摄于 2007 年 10 月 13 日）

图 28 刚刚做完礼拜的回族妇女（陶萌萌摄于 2007 年 10 月 13 日）

图 29 古尔邦节做完聚礼的回族老人（陶萌萌摄于 2009 年 11 月 28 日）

图 30 古尔邦节在女寺中做礼拜的回族妇女（陶萌萌摄于 2007 年 10 月 13 日）

图 31　北京回族的日常穿着（陶萌萌摄于 2008 年 12 月 25 日）

图 32　北京回族的日常穿着
（陶萌萌摄于 2009 年 6 月 18 日）

图 33　晨练的回族老年人
（陶萌萌摄于 2009 年 6 月 18 日）

图 34 日常穿着的北京回族妇女（陶萌萌摄于 2009 年 11 月 28 日）

图 35 日常穿着的北京回族妇女（陶萌萌摄于 2008 年 10 月 2 日）

图 36 北京牛街回族男性日常穿着（陶萌萌摄于 2009 年 11 月 28 日）

图 37 北京马甸回族男性日常穿着（陶萌萌摄于 2008 年 12 月 12 日）

图 38 从图中可以看到，即便是在与同为穆斯林的不同国籍的人交往中，北京回族仍然穿着西服或者是休闲服，男性基本戴帽，女性戴盖头的却很少（除了教门比较好的）（陶萌萌摄于 2008 年 12 月 25 日）

图 39（左）图 40（中）图 41（右）顺应中国社会服饰文化变迁的回族妇女服饰（陶萌萌摄于 2008 年 10 月 2 日）

图 42（左）图 43（右）欢度开斋节的国外穆斯林（陶萌萌摄于 2008 年 10 月 2 日）

图 44 大学生自发组织的一个阿语学习班上，一位来自也门的老师在教授发音（陶萌萌摄于 2009 年 11 月 22 日）

图 45（左）图 46（右）欢度古尔邦节的外国穆斯林（陶萌萌摄于 2007 年 10 月 13 日）

图 47 来北京做生意的西北、西南回族穆斯林（陶萌萌摄于 2008 年 12 月 12 日）

图 48（左）图 49（右）来北京做生意的西北、西南回族穆斯林（陶萌萌摄于 2008 年 12 月 12 日）

图 50  清真寺里的祖孙两代（陶萌萌摄于 2009 年 11 月 28 日）

图 51  清真寺里的祖孙两代
（陶萌萌摄于 2009 年 11 月 28 日）

图 52  欢度古尔邦节的回族家庭
（陶萌萌摄于 2009 年 11 月 28 日）

图 53  欢度古尔邦节的穆斯林家庭（陶萌萌摄于 2009 年 11 月 28 日）

图 54（左）图 55（中）参加完开斋节聚礼的回族妇女
（陶萌萌摄于 2008 年 10 月 2 日）

图 56 改戴帽的回族妇女
（陶萌萌摄于 2008 年 10 月 2 日）

图 57（左）图 58（右） 改戴帽的回族年轻男女（陶萌萌摄于 2008 年 10 月 2 日）

图 59 牛街清真寺旁边的民族服饰商店（陶萌萌摄于 2008 年 12 月 12 日）

# 第二部分

# 回族服装设计作品

张春佳 / 著

**连帽大摆袖两件式长裙**　　面料：海蓝渐变色雪纺

**墨绿丝绒斗篷以及水墨印花长袍**　　面料：斗篷为墨绿色金丝绒　长袍为真丝重缎

**水墨印染两件式长裙**　面料：斗篷为水墨渐变色雪纺　长裙为水墨印花真丝重缎

**白色长裙套装** 面料：上衣为白色金丝绒 长裙以及头巾为白色雪纺

**粉红色晕染绣花两件式长裙**　面料：头巾为渐变色真绡　上衣为粉红色晕染雪纺
长裙为绿色晕染雪纺配羊绒绣花

**绣花镶边连帽罩衫搭配高领长袍**　　面料：罩衫为变色橄榄绿雪纺
长裙及腰带为变色暗湖蓝雪纺

**白色层叠雪纺长袍**　面料：头巾及长袍均为白色雪纺　领部为真丝缎绣花

**天鹅绒盘花斗篷**　　面料：白色天鹅绒　　里料：金色软缎

**白色镶黑边带印花头饰分体塔裙**　　面料：上衣及头饰顶部为白色天蚕缎
头饰印花部分以及长裙为白色真丝绡

**带白色贴花斗篷长袍**　面料：斗篷为真丝绡　斗篷贴花为双宫绸　长袍为棉质

**白色花朵头饰搭配缎质堆褶拽地长裙**　面料：衣身为白色真丝软缎
袖子为白色真丝绡

**花瓣装饰红绿渐变色堆褶拽地长裙**　面料：衣身为雪纺　胸前花瓣装饰为真丝绡

**湖蓝渐变色印花并贴花装饰连帽长裙**　　面料：衣身为天蚕缎　贴花为真丝绡
头巾为雪纺

**手绘贴花装饰长裙** 面料：衣身及贴花为真丝绡 头巾为雪纺

**水墨印花长袍**　　面料：棉质

**白棉布银色绣花上衣** 面料：棉质

**白色贴花长风衣配黑色长裙** 面料：风衣为白色棉质面料 长裙为黑色棉麻混纺面料

**海蓝色打褶塔夫绸长袍** 面料：海蓝色塔夫绸

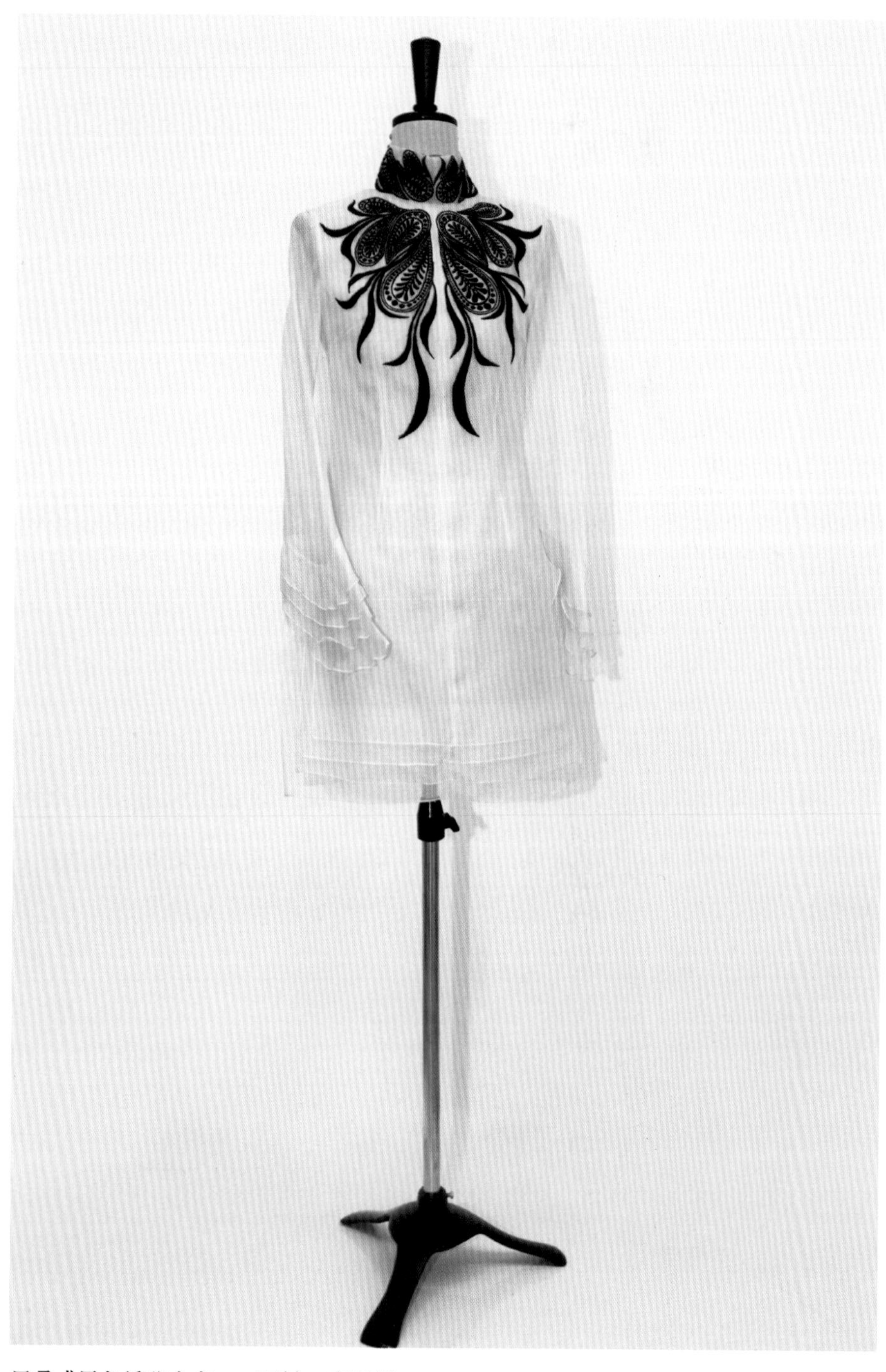

**层叠式黑色绣花上衣** 面料：真丝绡

# 设计说明

现代回族服装的实验性系列设计，是基于北京服装学院回族服饰文化研究项目组近几年来深入以中国西北为主的回族聚居地进行的实地考察和资料的综合研究而创作的。由于设计所拟订的着装对象为中国信仰伊斯兰教的回族人群，所以服装设计过程中参考了一定的民族习惯与着装禁忌，譬如，服装会覆盖着装者的绝大部分身体，女装会覆盖头发，色彩选择上也尽量贴近回族民众的常规喜好的用色，等等。

首先，本系列回族服装实验性改良设计从款式上尽量遵从回族传统着装习惯。《古兰经》教义中对于信仰伊斯兰教的民众在着装款式上有着一定的要求，就如同饮食习惯的某些禁忌一般，这些要求对于年龄偏大的人群的束缚力较强；而随着社会的发展，人们的生活方式乃至意识形态也在各种影响和冲击下不断地改变着，有着一定社会职务的回族人群，尤其年轻人的着装，对于传统宗教的价值取向要求，有着越来越大的偏差。服装，在某种程度上作为一种价值观的外在表现符号，又有着极强的时代特色，传统回族服装离人们的日常生活，尤其现代都市人的生活，也渐行渐远。在这种情况下，项目组做设计的时候，尽量满足衣装长度符合要求、女装遮蔽头发的同时，将衣身线条稍作调整，使着装者在穿着过程中些许能体现出时代的气息。由于回族文化是伊斯兰文化东进与中国传统文化融合的产物，会同时体现出两种文化源头的特点。因此，我们在设计作品中适当融入了一些中国传统服装款式元素，以体现本土特色。

第二，色彩上力图贴近穆斯林色彩审美倾向。从地理上来讲，阿拉伯地区属多风沙少绿洲及水资源的沙漠性气候，久居此地的人们会向往水和植物的色彩，而纯洁的白色和清新的绿色以及蓝色尤受推崇。因此，本系列作品的色调以白色为主，蓝、绿、黑为辅，少量装饰有金色、粉红、银灰等其他色彩。除此之外，由于水墨是中华传统文化的重要符号之一，在本次设计过程中，也一定程度上采用水墨图案印花以及水墨样面料染色，体现回族民众生活中的中国传统韵味。

第三，此次设计作品的面料选择方面进行了一定的突破性尝试。从传统阿拉伯式的纯化纤面料转变到以天然面料为主，辅以混纺面料和化纤面料的组合。如此一来，希望从面料上使人们感受到回族服装设计的时代感，更多地将现代人对生活品质的要求融入设计作品。以天然面料不同的质地、肌理、光泽互相映衬组合，来探讨传统回族服装材质的某些发展走向问题。

第四，装饰手法和工艺方面采用手工和机器相结合的方式实现设计效果。在这样一个缝制机器发达普及的时代，手工精神的重要价值日益凸显出来，手工刺绣、立体裁剪、手工染色等手工处理方法也被一定程度地应用在本系列设计作品的完成过程当中，并且成为点睛之笔。

除了以上几点对于作品设计完成过程的概述，支撑本系列服装作品更重要的是对设计理念的探索。项目组希望通过本次设计来进行这样一种尝试——将现代城市生活理念，尤其北京这样一座国际大都市的一些生活状态与传统回族的生活方式并置，以服装为探索点，将现代生活理念逐步融入传统民族服饰的审美理想。总之，希望本系列作品真正成为一次民族传统服饰文化与现代设计理念相结合的有价值的尝试。

# 第三部分

# 已发表的相关研究成果

# 对北京牛街回族妇女服饰文化的调查分析*

林君慧　郭平建

**摘要：** 本文通过对北京牛街回族妇女服饰文化所进行的问卷调查分析，从回族妇女的着装习惯、对回族服饰的态度、对回族服饰的发展等方面探究当前都市回族服饰文化的现状和未来发展趋势，为进一步研究和开发回族服饰提供有一定价值的参考数据。

**关键词：** 都市回族；回族妇女；服饰文化

回族服饰——作为中国民族服饰的一个重要部分，集中体现了回民族的审美观、世界观与宗教观。美国服装社会心理学家 Linda B. Arthur 指出："服装是一个窗口，透过这个窗口可以探究一种文化，因为服装清楚地承载着这种文化所必需的思想、观念和体系。"因而透过回族服饰这个窗口，我们不仅能看到这个民族鲜明的民族特色、文化内涵、社会变迁等诸多方面，并且能探究到回族的宗教信仰。然而，在学术领域中，回族服饰的研究经常被社会学家、人类学家和民族学家所忽视。我们能查找到不少关于回族研究的资料，如马坚《古兰经》译本，杨怀中等主编的《首届回族历史与文化国际学术讨论会论文集》，良警宇的《牛街：一个城市回民社区的形成与演变》等，但有关回族服饰文化研究的资料却很少，如白世业等的《试论回族服饰文化》，刘军的《伊斯兰教与回族服饰文化》，陶红等的《回族服饰文化》等。关于大都市中回族服饰文化的专门研究几乎没有开展，所以我们这次对北京回族服饰的研究具有一定新意。因为时间、经

* 本文为北京市教育委员会基金项目（JD2006-05）资助成果之一。曾发表于《山西师范大学学报》2007 年研究生专刊，第 61-63 页。

费等因素的制约，我们将研究范围缩小为对北京牛街回族妇女服饰变迁的研究。

## 一、牛街、伊斯兰教与服饰

牛街是北京著名的回民聚居区，是北京市回族人口最为集中的地区，也是回族文化最为浓厚的聚居区之一。共居住有 22 个少数民族，其中回族约占 1.2 万人，占辖区总人口的 23%。我们知道，回族原本是一个全民信奉伊斯兰教的民族，而伊斯兰教对回族妇女的服饰曾起着决定性的规范作用。《古兰经》规定：你对信女们说，叫她们降低视线，遮蔽下身，莫露出首饰，除非自然露出的，叫她们用面纱遮住胸膛，莫露出首饰，除非对她们的丈夫，或她们的父亲，或她们丈夫的父亲，或她们的儿子，或她们的丈夫的儿子，或她们的兄弟，或她们的弟兄的儿子，或她们的姐妹的儿子，或她们的女仆，或她们的奴婢，或无性欲的男仆，或不懂妇女之事的儿童……然而，今天的牛街也同时处身于发达而开放的现代化社会之中，回族服饰经历了历史的演变，尤其近几十年，政治、经济与文化的巨变，是否还保留着原有的样式与地位，那里的妇女是否还按照伊斯兰教教规着装呢？最初，我们就是带着这个问题展开了对牛街回族妇女服饰的调研工作。

## 二、研究方法与问卷的设置

我们的研究是从收集文献开始的。我们收集了大量的关于回族研究的和一些关于牛街研究的文献，但是并未找到关于牛街服饰研究的相关书籍和资料。因此我们的调研之路只能以实地研究、收集第一手资料为主。我们开始计划从牛街居委会着手对回族居民用座谈会的形式进行深度访谈，但是很快发现这种访谈很难深入，而且素材的真实性也难保证。因此我们把着手点转移到牛街礼拜寺，在这里我们得到了乡老的积极配合与寺管会领导的大力支持，获得了大量有效的第一手资料。我们发现随汉化的扩大与深入，牛街回民早已不像从前那样全民信教，回民的民俗也在很大程度上发生了改变。我们在牛街的街头除了偶尔能见到老年人戴的白色礼拜帽之外，便再也看不到其他能代表回族的服饰了。然而，我们在礼拜寺调研的时候发现，在牛街街头已经消失了的《古兰经》规定的妇女应该穿的服饰，却仍然频繁出现在牛街礼拜寺里。回族服饰作为伊斯兰精神的象征，并没有完全丧失殆尽。

然而来做礼拜的乡老只是牛街回民的一部分，且都以信奉伊斯兰教的老年人居多，所以被访谈的人群也只是这一部分人。为了了解其余不来礼拜寺的回民的着装现状与想法，我们设计了一份问卷作为补充，一部分让参加礼拜的乡老带回去让家人或亲戚来完成，另一部分在开斋节的时候现场调查。由于我们想获取的信息趋于具体化、生活化，问题和答案都无法很好的统一，因此我们把问卷大致分为四项内容：第一，基本资料，包括年龄、性别、职业三个方面；第二，着装习惯（与宗教习惯），包括去礼拜寺的频率、穿着回族服饰的频率、是否有礼拜服、是否打算朝觐等；第三，对回族服饰的态度，包括对回族服饰的看法、对教规的看法、对暴露的看法等；第四，对回族服饰的期待，包括理想中的回族服饰、对节日穿着回族服饰的看法等。由于这次调查对被试无法做到随机抽取，只能找愿意配合的人来填写问卷（可能关系到民族与宗教的问题，找愿意配合的人也有一定的难度），因此这次调查的结果只能说明这一类人的观点，但是最起码让我们看到了在全面汉化的表象下，仍有一部分人在坚守着本民族的服饰文化与宗教。

## 三、问卷分析

我们共发放出去 67 份调查问卷，回收的仅 28 份。其中女性 23 人，男性 4 人，未填性别 1 人；青年 10 人，中年 3 人，老年 14 人，未填年龄 1 人。从现场调查的情况来讲，老年人与青年人也更愿意配合调查，拒绝调查的人中，中年人为多。而这些中年人中，大多有较稳定的工作，鲜少参加宗教活动。在调查去清真寺的频率所得到的回馈为：从来不去 1 人；偶尔 / 节日去 10 人；平均每月去一次的 3 人；平均每周去一次 4 人；每天都去的 8 人。而在每天都去的 8 人中有 5 位为老年，3 位为青年。在调查戴礼拜帽与盖头的频率的问题所得到的回馈为：从来不戴的1人；偶尔过节戴的9人；做礼拜的时候戴的8人；平时都戴着的10人。平时都戴礼拜帽或盖头的人中有7位为老年，4位为青年，与每天都去礼拜寺的人员基本吻合。以上的数据跟我在清真寺调研时看到的现象基本一致：其中老年人为多，有一些青年人，较少看到中年人。清真寺寺管会的刘乡老对我们说：信仰伊斯兰教这几年有所回归。现在的老年人并不是一直以来都做礼拜，大部分是退休之后才开始学习《古兰经》，学习怎样做礼拜。他们的童年有可能在解放前，或者解放初期，由于童年接触过伊斯兰教所以老年皈依宗教比较容易接受。而从问卷调查与田野调查来看，中年人对伊斯兰教相对淡漠一些，可能是成长的过程中接受马列主义教育，长大以后又投入了社会主义建设，一直都没有深入接触伊斯兰教，因此没有老年人那样热衷于自己的宗教。而在年轻人中，则是比较大的反差，也是比较极端的一个群体，可能是近几年的思想解放，政策宽松使得一部分回族青年回归伊斯兰教，严格按照伊斯兰教教规着装参加礼拜；而另一部分青年则几乎不懂伊斯兰教，也几乎不来清真寺，不做礼拜，除了身份上是回族以外，已不再是穆斯林。在是否去麦加朝觐的问题上得到的回馈为：去过的4人，没过去打算去的17人，不打算去的1人，不清楚的4人，未填写2人。从数据上我们可以看到，一半的被试都有朝觐的打算，说明回民虽然不再全民信教，但仍存在一部分虔诚的信徒。服饰是社会文化的一种表达，而社会文化反过来又作用于服装之上。因为有了虔诚信徒的存在才使回族服饰的发扬而成为一种可能。

关于伊斯兰教对回族妇女服饰的影响，我们设置了这样一个问题：您在买日常装时，衣服上如果有人物或动物形象，是否会选择？因为伊斯兰教是反对偶像崇拜的宗教，不允许家里或者服饰上有人像和动物像。回馈的结果是：26人选择不会，2人选择如果衣服合适不会在乎。可见伊斯兰教的教义不仅对礼拜服起着规范作用，对信徒的日常着装也仍然存在深远的影响。从上文《古兰经》的关于服饰的章节可以看出，伊斯兰教对暴露的限定是非常严格的。我们在问关于什么样的日常装算暴露的问题时得到的结果是：16人认为，违反教义的都太暴露，9人认为迷你裙和吊带或抹胸算暴露。我们知道，在《古兰经》对妇女做出着装规定的时代，是每一个地区，每一种文化，都不允许妇女有过多暴露的时代。基督教徒曾用大袍来遮盖身体的曲线，中国的儒家文化造就了几千年的宽衣历史。然而在窄衣文化主宰世界，不过分地暴露已经不能引起男人邪念的今天，穆斯林是否也在思索：是遵守古人圣贤形式上的规定，还是领会精髓，与时俱进。在问及对伊斯兰教对服饰要求的看法上，认为应该遵守的 18 人，认为在生活中不太方便的 6 人，认为遵守与否与信仰无关的 3 人，1 人未填。其中 4 名男性全部选择了应该遵守，在我们实际访谈到的男性中，大部分也都表示现代女性还应遵守《古兰经》着装守则，而大部分中年女性则表示不太方便。现代社会中，电视传媒是回族穆斯林无法避免的媒介，在强大的汉文化和西方文化的影响下，一些回族少女背叛了回族的服饰文化走上了电视选美大赛和电视模特比赛赛场。在问及对这类事件的看法时，13 人认为有伤风化，5 人认为个人选择，不好评论，6 人认为挺好，美的就应该展示出来。其中仅有 4 名男性均认为有伤风化，认为挺好的 6 人中有 4 位青年，2 位中年。《古兰经》规定女性服饰准则的初衷是为了保护女性，以防暴露引起男人的邪念，是否当今的着装准则也应该以不引起男人邪念为标准？在我们的访谈中，大部分男性认为，《古兰经》的着装准则对女性是一种保护，而大部分女性则认为是保护同时也是束缚。从这我们可以看出不同性别对回族服饰的不同理解。同时我们观察到，很多认为应该遵守这个着装准则的女性，也只是在做礼拜的时候严格地遵守，因此，我们可以说，如今遵守着装准则的主要目的是为了取悦真主，而不是保护妇女的初衷。

另外，我们想了解回民对回族服饰的选择倾向。所以在问卷中有这样一个问题：如果过节或做礼拜需要戴礼拜帽或盖头时，会如何选择：13 人选择装饰性的礼拜帽和头巾，13 人选择了普通礼拜帽和头巾，2 人未填。从这个数据我们可以看出，回族服饰的装饰性和宗教性各占一半。在是否有礼拜服的问题上，调查表显示，12 人有礼拜服，12 人没有礼拜服，有 5 位正打算购买。我们在问卷的最后问道：您觉得在回族节日时，大家是否该穿有回族特色的节日服装？选择要穿的 22 人，选择根据个人喜欢的 3 人，选择无所谓的 2 人，1 人未填。可见大部分被试者还是愿意穿着本民族服装，把本民族服装发扬光大的。我们在问卷的最后留出了几行空白，希望被试者把自己关于回族服饰的建议反馈给我们。在我们回收的问卷中有 12 位在建议和意见处留有他们的建议。一位 26 岁的女青年写道：现在社会上的很多服饰过于暴露，对于虔诚的穆斯林女性有时买衣服很难，希望你们能早日为穆斯林打造出更适合中国穆斯林的服饰，谢谢。在我们的调研过程中，类似的呼声不绝于耳。另外，一位老年人写道：希望你们能设计出既能在穆斯林节日穿着，又能在平时日常生活中也可以穿着的中老年服饰。我们在西北的实地调查过程中，听到过许多年轻女穆斯林的抱怨：我们穆斯林买衣服太困难了。在“中国穆斯林”、“回族在线”等穆斯林门户网站论坛上，我们也多次看到关于购买穆斯林服饰困难的帖子。这些话语和期望不仅道出了虔诚穆斯林对开发回族服饰的热切期待，也道出了对服装设计界人士的信任与期望。

通过在牛街的实地调研，我们看到了一个非穆斯林不容易看到的牛街，看到了一个典型的回民聚居区的服饰文化：大部分回民服饰基本汉化，一小部分回民则仍坚持比较严格的着装准则；日常装基本汉化，礼拜服则仍坚持严格的着装准则。在牛街和各个回民聚居区仍然有一部分回族服饰文化的拥护者，正是这一小部分人对回族服饰做出的努力让我们看到了回族服饰文化的希望与未来。我们相信在政府的大力支持下，在服装企业和服饰研究人员的积极参与下，在广大回族穆斯林群众的热心拥护下，回族服饰文化的建设与开发将有一个良好的前景。

**参考文献：**

1. Linda B. Arthur，Introduction：Dress and the Social Control of the Body，in B. Arthur（Ed.）Religion， Dress and the Body， BERG，1999.

2. 白世业、陶红、白洁：《试论回族服饰文化》，载《回族研究》2000 年第 1 期。

3. 良警宇：《牛街：一个城市回民社区的形成与演变》，中央民族大学出版社，2006 年。

4. 刘军:《伊斯兰教与回族服饰文化》, 载《黑龙江民族丛刊》2005 年第 4 期。

5. 马坚译:《古兰经》, 中国社会科学出版社, 1996 年。

6. 陶红、白洁、任薇娜:《回族服饰文化》, 宁夏人民出版社, 2003 年。

7. 杨怀中等:《首届回族历史与文化国际学术讨论会论文集》, 宁夏人民出版社, 2003 年。

# 北京牛街回族妇女服饰的变迁及发展趋势*

郭平建　林君慧　张春佳

**摘要：**北京牛街回族妇女的服饰随着政治、文化、经济、宗教的发展而发展变化。在当前保护性民族政策的实施以及文化和经济互动发展的形势下，研发既能体现民族风格，又有时代气息的民族服饰，能很好地促进民族特色街区建设，更好地展示民族风貌并发挥其象征性功能。

**关键词：**回族；妇女；服饰文化；北京牛街

“服装是一个窗口，透过这个窗口可以探究一种文化，因为服装清楚地承载着这种文化所必需的思想、观念和体系。”（Linda B. Arthur，1999）中华民族是一个由 56 个民族组成的大家庭，通过绚丽多彩的民族服装这个窗口，我们可以看到一个民族鲜明的民族特色、宗教信仰、文化内涵、社会变迁等。有关民族服饰的研究，尤其是对与宗教结合得比较紧密的民族服饰的研究在我国开展得很少，所以全国政协民族和宗教委员会主任钮茂生，2004 年 12 月在北京服装学院举办的“文化遗产与民族服饰”学术研讨会上曾呼吁与会的学者们加强我国的民族宗教服饰研究。

回族服饰充分体现了伊斯兰教义的精神。有关回族服饰的研究比较少，而且主要集中在对我国西北地区回族服饰的研究，如白世业的《试论回族服饰文化》、刘军的《伊斯兰教与回族服饰文化》、陶红等的《回族服饰文化》等。关于大都市中回族服饰文化的专门研究几乎没有开展，所以这次对北京回族服饰的研究具有一定意义。对北京牛街回族妇女服饰变迁的

* 本文为北京市哲学社会科学“十一五”规划重点项目 (07AbWY037〉和北京市教育委员会基金项目（JD2006-05）资助成果之一。曾发表在《内蒙古师范大学学报》2007 年第 5 期，第 133-137 页。

研究，能发现影响回族服饰变迁的因素，发掘回族服饰文化的独特价值，预测北京回族服饰文化的发展趋势，为北京“时装之都”的建设以及2008年奥运会相关服饰文化产品的研发提供参考。

## 一、牛街与伊斯兰教

回族是北京市55个少数民族中人口最多的之一。据1990年第四次人口普查，北京共有回族人口20.7万人。牛街是北京著名的回民聚居区，作为现代都市中历史悠久的少数民族聚居区有着自己独特的文化，极具代表性。牛街位于北京宣武区，占地1.39平方公里，据1990年统计总人口为5.4万，共有汉、回、满、朝鲜、蒙古、维吾尔等28个民族，其中回族人口1.2万人，占人口总数的23%，占全市回族人口的6.25%。牛街的礼拜寺得名于牛街地名，建于966年，是北京历史最悠久、规模最大的礼拜寺。另外，在牛街附近有中国穆斯林全国性的宗教团体——中国伊斯兰教协会，有北京唯一的、也是全国最大的回民医院，还有新中国成立以来第一所回民学校。在牛街，不论是公共建筑还是楼房都具有阿拉伯风格，以白色为主，绿色为饰。牛街两侧分别有牛街街道办事处、牛街清真超市和多家清真餐馆等。再进入胡同，还有牛羊肉市场，整个牛街地区极具回族特色。

据统计，每天来牛街礼拜寺礼拜的人数超过200人。2006年9月底，女寺已开始正式启用，礼拜的人数也在逐步增加，主麻日和贵月[①]，礼拜的人数则远远超过200人。

从宗教角度看，它通过对其追随者身体（主要是着装）的控制来使其保持对宗教的虔诚。伊斯兰教对信士、信女的着装是有要求的，圣典《古兰经》中明确规定：“你对（男）信士们说，叫他们降低视线，遮蔽下体，这对于他们是更纯洁的。真主确是彻知他们的行为的。你对信女们说，叫

① 主麻日：阿拉伯语“星期五”音译，以为“聚会日”。伊斯兰教规定星期五为聚礼日，通称“主麻”。这一天正午后教徒举行的集体礼拜称主麻拜。穆斯林习惯称一周为一个主麻；贵月：斋月。根据《古兰经》规定，斋月从回历9月新月升起的当天开始，直到下个月新月再升起时结束。斋月是伊斯兰教教历第九个月。根据伊斯兰教教义，斋月期间，所有穆斯林应从每日的日出到日落这段时间内禁止一切饮食、吸烟和房事等活动。

她们降低视线，遮蔽下身，莫露出首饰，除非自然露出的，叫她们用面纱遮住胸膛，莫露出首饰，除非对她们的丈夫，或她们的父亲……叫她们不要用力踏脚，使人得知她们所隐藏的首饰。”[1] 可以看出，伊斯兰教对妇女的着装要求比对男士更加严格。总体归纳为两点：一是要宽松；二是要覆盖面广。用阿訇的话来解释，这是出于对穆斯林妇女的保护，因为宽松不易显出体形，遮盖面大不易露出“羞体”①，以免引起男人们的非分想法。但是回族服饰经历了历史的演变，尤其近几十年政治、经济与文化的巨变，回族服饰渐渐退出日常装的舞台，变成了一部分人的礼仪服，只在礼拜或节日的时候穿着。

## 二、牛街社区变迁及其对服装的影响

服装是一种文化。服饰文化的变迁是政治、经济、社会、科技、宗教等各种因素共同作用的结果。同时，服装又是人们日常生活中的必需品。当社会或一个地区、社区发生变迁时，生活在这个社会或地区、社区的人们的着装也一定会随之发生变化。所以我们研究牛街回族妇女服饰文化的变迁不能脱离牛街回族社区这一历史背景。良警宇在研究了牛街回族社区变迁的诸多因素，如国家与社会、国家政策和民族政策的指导与作用、文化因素、文化与经济的互动以及市场经济条件下资本与政府、民众的需求互动等后，在其专著《牛街：一个城市回族社区的变迁》中将牛街回族聚居区的变迁划分为三个明显不同的阶段：1949 年，聚居区形成，牛街相对独立封闭的寺坊社区的形成发展阶段；1949—1978 年，牛街寺坊社区解散阶段；1978 年以后，牛街开放性象征社区的发展阶段。

周传斌、马雪峰在其论文《都市回族社会结构的范式问题探讨——以北京回族社区的结构变迁为例》中，对由地理—居住、宗教—教育、经济—职业、家系—婚姻结构四部分构成的寺坊制这一传统的回族社会结构进行的分析，将北京回族社区结构的变迁分为三个阶段：传统回族寺坊社区在 1840—1949 年近代以来的适应性努力；它在 1949—1978 年社会政治运动

---

① “羞体”范围的界定，伊斯兰教律规定：男子从肚脐至膝盖为羞体，女子除脸和手以外均为羞体。

中破产；1978 年改革开放以来全球化、都市化和城市重建。

据以上研究，我们将牛街回族妇女服饰文化的变迁分为三个阶段：解放前、解放后至“文化大革命”结束、改革开放以来。

1. 解放前

穆斯林的日常生活与宗教生活紧密联系，他们往往在长期居住地建筑清真寺，围寺而居，形成聚居区——寺坊。牛街回族社区的形成可以从牛街礼拜寺的始建开始。根据常见的一种说法“辽宋说”。牛街礼拜寺始建于宋至道二年或辽统和十四年（996）[2]51。最早生活在牛街的穆斯林可以追溯到辽代。在金末元初逐渐形成了回民聚居区，可以说牛街的回民是正宗的“老北京”。

政治方面。有功于元、明王朝的建立，这两个朝代的回族人政治地位比较高，而到了清朝时其地位则“江河日下”。为了保护自己，甚至被迫提出，“争教不争国”的口号。以蒋介石为首的国民党政府推行大汉族主义，甚至根本不承认回族的存在[3]74–76。牛街的回民也同全国的回族一样，经历着压迫与贫困。

经济生活方面。牛街回民继承了回族祖先的经商习俗，以小本买卖为生计，以家庭为单位，代代相传。解放前，牛街还有“父母在世，绝不分家”的说法，这不仅是儒家思想影响的结果，更是由当时的经济形式所决定：个人依赖家庭，家庭成员通过家庭教育来获取谋生技能，同时又是主要的劳动力。

宗教方面。礼拜寺是回民生活的中心，也是权力中心。阿訇则是权力的拥有者，婚丧嫁娶必须由阿訇来主持，牛羊等必须由阿訇念经屠宰。

教育方面。鸦片战争以前，他们排斥汉文化，认为学习汉文化就会反教，以不接触汉文化的方式来抵御汉文化，防止被同化，很多对《古兰经》比较有造诣的阿訇都不认识汉字。此时的礼拜寺，不仅是权力机构，同时担负着教育任务。寺内设有小学、中学、大学。鸦片战争后，回族上层人士和知识分子开始办学，与汉族一样学习汉语言文化。1925 年 4 月，回族有识之士创立了成达师范学校，其宗旨不仅是造就回汉兼通的宗教及教育人才，并旨在造就在三民主义领导下富有国家意识的有为人才。经堂教育影响很大，学校教育的普及率很低。总体来说，牛街回族聚居区从明末清初形成到新中国成立前已发展成为一个寺坊社区。这一社区“发展到清末民初，在弱国家强社会关系下，寺坊在政治、教育、经济和日常生活等方面都相对独立于主体社会”[2]40。

有关解放前牛街回族妇女服饰缺少专门论述。牛街只是北京大社会的一个比较特殊的小社会，大社会服饰文化的变迁一定程度上也会影响小社会的服饰文化。有关穆斯林、回族和回族的服饰，原中国伊斯兰教协会的马贤副会长曾叙述说，明代前穆斯林还保持穿阿拉伯服装。伊斯兰教宗教义没有规定穿什么服装，主要是男子穿得比较整齐，比较宽松，女的戴头巾，把头发遮住，不能露出手，露出脚，就这些要求。在这些要求下，各个民族采取不同的方式。中国有 10 个民族信仰伊斯兰教，比如新疆的维吾尔、塔吉克、哈萨克等民族都是先有民族，后有信仰，所以他们保持了自己民族的服装。明代曾经下令，要完全汉化，不能穿胡服（泛指来自国外的服装）。内地的人（穆斯林）明朝以后形成回族。现在说的没有统一服装指的是回族，从那时就开始汉化了。

解放前的回族的服饰深受满、汉民族服饰的影响，不过仍有自己的一些民族特色。据受访者回忆，当时（刚解放之前）牛街的回族男士服装与汉族相似，根据社会身份有不同的着装。知识分子和有产阶级穿长袍马褂，劳动人民穿粗布短褂，主要的区别是帽子。回族妇女的着装不同于汉族，汉族的城市服装已经向收身款式过渡，开始出现改良的紧身旗袍。而牛街穆斯林妇女一律穿着宽松衣袍：左大襟，衣长及膝，袖长及腕，裤长及踝，衣服两边的开衩较小，旨在保证行动方便，基本没有装饰的目的，裤子的腰头为松紧带，劳动妇女的裤脚为了防风用带子绑住。家庭稍微富裕一点的穆斯林妇女喜欢在面料上绣花，家庭贫困的基本都是以土布、粗布为主。牛街的回族妇女还喜欢穿坎肩，这在满族和汉族服饰中，一般为男士服装。最能体现回民身份的是头饰，这时候牛街的回民妇女戴盖头的已经少了，而是用能包住头发的礼拜帽来代替。平时，有的穆斯林不戴，只有在做礼拜时穿上礼拜服，戴上礼拜帽或围上头巾。牛街的洪乡老说，伊斯兰教要求（妇女的）服装不能紧、露、坦、小，但是没有规定服装的样式，只要符合这几个标准的服装回族妇女都可以穿。陈乡老[①]说，在新中国成立前，也不是说人人都这么穿，都戴礼拜帽。天天做礼拜的人才戴。那时候，只要礼拜时间到了，无论在干吗都要就地做礼拜，所以老戴着，方便啊。要不是做礼拜的人，就不穿了，不过总体上来看，总归比现在的多。别人一看，能看出来穆斯林妇女跟别人不一样，特别端庄、飘逸、潇洒。

2. 解放后至“文化大革命”结束

新中国成立以后，回族被国家正式确认为中国 56 个民族中一个单独的民族共同体。伊斯兰教与基督教、天主教、佛教和道教则成为新中国并存的五大宗教。政府十分重视民族工作，以各民族平等为准则。《中华人民政治协商会议共同纲领》规定：中华人民共和国境内各民族一律平等，实行团结互助。1952 年 2 月，政务院颁发了《关于保障一切散居的少数民族成分享有民族平等权利的决定》。北京市政府还制定一系列针对回民的优惠政策。随着国家力量的全面渗入，传统的牛街回族寺坊社区逐步取消，出现了强国家弱社会的格局，社区内个人生活的所有方面都被纳入到国家管理之中。清真寺在社区的核心地位被动摇，聚居区居民在职业、教育、社会生活等方面迅速融入主流社会，民族文化和民族特征被压抑[2]40。原以清真寺为权力中心的较为完整的小社会，开始逐渐解散，人文意义上的回族社区的界限开始逐渐模糊，一部分回民被纳入了国家的行政机构之中。同时，政府也培养了一批以马列主义武装起来的少数民族干部，从而对回民社区起到了从上而下的渗透作用。

1958 年，宗教制度开始改革，“北京伊斯兰教界学习委员会”成立，废除了世袭的伊玛目[②]掌握制度和旧的清真寺管理制度。同时，政府逐步引导回族与伊斯兰教分离，改变了政教不分的传统。经济上，为实现北京市第一个五年计划，使北京“由消费城市向生产城市转变”，对个人独立

① 指经常去清真寺做礼拜和参加各种宗教活动的人。

② 指伊斯兰教中有比较高的教职，一般负责管理一个地方或一个寺内的宗教事务。

经营作坊和小商贩进行了社会主义改造，形成集体经济。减少个人对家庭的依赖而依靠国家，国家实现了对回民小区的控制与管理。教育方面，牛街回民从 20 世纪 50 年代开始接受全面学校教育，带“穆”字头的学校设有阿拉伯语课和教义课。不久取消了学校的宗教课程和宗教活动。家庭在传承民族文化的方面发挥着决定性的作用。

回民的政治地位提高了，民俗文化得到了尊重，国家对回民的服饰没有做出规定。更多的妇女参加到政府和社会工作中来，她们穿上与汉族一样的服装。这一着装又影响了家庭妇女和年轻的回族女性。当时汉族服装也是以朴素、简单为主，与回教教义接近，所以这样的服装易被回族妇女所接受。只有部分老年人和家庭妇女还保持着原有的着装习惯。随着的确良面料在中国开始流行，受到穆斯林妇女的青睐，许多穆斯林妇女渴望有一件的确良的礼拜服。

从 20 世纪 50 年代末到 1978 年，受“左”倾思潮、反右扩大化以及“文化大革命”的冲击，国家的民族政策、宗教政策被破坏，回族的风俗习惯和宗教信仰受到批判和践踏，甚至有人提出消灭伊斯兰教。这期间使一些回民的宗教与民族概念进一步产生分离。由于回民的民族习俗与宗教紧密相连，与汉族有不同的习俗，此时几乎都被禁止了。着装直接与阶级意识形态、政治倾向联系在一起，所以牛街回民没人敢戴礼拜帽，穿礼拜服。军装和中山装是当时最理想的着装，服装颜色均以青、蓝、灰、草绿为主。据马贤副会长回忆，当时“汉族也这样（穿着两种服装），其他民族也这样，穆斯林也这样”。

3. 改革开放以来

改革开放后，党的民族和宗教政策被重新落实，少数民族的习俗、文化和宗教信仰得到尊重，民族特征重新开始强调。1979 年，恢复了麦加朝觐活动，并由国家统一组织，统一前往。1980 年 7 月，北京市人民政府批准恢复了对信仰伊斯兰教的 10 个少数民族实行节日放假，补助油、面。在教育方面，出台了对于少数民族学生升学降低分数线的照顾等政策。1982 年 3 月，国家颁发了《关于我国社会主义时期宗教问题的基本观点和基本政策》。1987年9月，宣武区政府为了保护清真饮食业、副业的发展，颁发了《关于重申饮副食行业执行民族政策若干措施的通知》。20世纪80年代以来，在国家对民族经济的扶持下，牛街的牛羊肉业和清真饮食业得到迅速发展。但是，“随着市场经济体制的逐步建立和完善，国家通过单位对社会成员进行全面控制的情况在逐渐减弱，强国家—弱社会关系的格局也在发生着变化，社区成员的自主程度不断提高，社会流动增强，突出表现是社区回族人口在不断减少”[2]316。特别是1998年和2003年牛街分别实施了两次危房改造，改善了牛街回民的居住条件，促成民族聚居区进一步杂居化，改变了社区成员之间的互动机制和凝聚力。现在的回民家庭与现代汉民一样，以小家庭为主，个人对家庭的依赖性与家庭对成员的约束力减弱，并出现了较多的团结户①。“族内婚比例减少，异族通婚比例增加，如异族通婚的比例由1987的36.4%增长到了1996年的56.7%，9年间增长了20%以上”[2]170。现在的牛街再也不是一个封闭、独立的社区，而是一个开放的、动态的、界限已经模糊和扩大的社区。

由于上述种种因素，现在我们平时在牛街街头很少能看见戴盖头、穿宽松大袍的穆斯林妇女，偶尔能看见穿着普通、戴白色礼拜帽的老年妇女。有一些去麦加朝觐过的女哈吉②会选择盖头或头巾和大袍。牛街清真寺的宗教活动比较频繁的时候，去清真寺参加礼拜的妇女就相对比较多。来礼拜寺做礼拜的，都按教义穿着礼拜服、戴着礼拜帽或围着头巾。由于参加礼拜的人中老年人居多，服饰的颜色以深颜色或者素颜色为多，面料则采用各种免熨材料。而平时上班的回族妇女，着装上与汉族一样，也美容、烫发、文眉。有的回民妇女认为虽然信仰伊斯兰教，但服饰上遵守《古兰经》规定有一定难度；而有的回民妇女已经不是穆斯林。通过调研，发现所有被试者，在选择是否会选择人物或动物图案的服装这个问题时③，都选择了“否”。可见伊斯兰教对回民服饰还存在着一定的影响。穆斯林服饰在

① 由穆斯林和非穆斯林组成的家庭。

② 指已经完成朝觐功课的穆斯林。

③ 伊斯兰教教义规定，不能有偶像崇拜，所以穆斯林家里，一般没有人物画像，服饰上也不允许出现人像和动物像。

宗教活动场所仍扮演着非常重要的角色。笔者曾在贵月期间，看到祖孙三代来礼拜寺，姥姥和外孙女穿戴整齐进入女殿做礼拜，女孩的妈妈却没进去，只在殿外听经，问及原因才知道她刚下班没有准备礼拜服。在牛街清真寺门口竖着一个铜牌，写着：穿裙子和短裤者禁止入内！礼拜寺的大殿门口也竖着一个铜牌，写着：非穆斯林禁止入内。如有穿着不达标准的，寺里的管理人员就会出面阻拦，而这时候只能从着装上来分辨他是否是穆斯林。

## 三、回族服饰发展趋势展望

在对牛街做了深入调研后，良警宇指出：“随着市场化程度的加深，保护性民族政策的实施，文化和经济的互动发展，文化认同和全球化趋势的影响，使这一社区将越来越显示出一种开放性的特征。”[2]40-41 牛街作为展示民族风貌的窗口，正“转变为对北京市乃至对中国穆斯林、来华的外国穆斯林有影响力的象征性社区，以及北京市穆斯林民族的文化和经济服务中心”。从历史的角度看，牛街回族聚居区繁荣的主要原因：一是有牛街礼拜寺的声名远扬；二是有很多有名的珠宝玉器商行，也就是说穆斯林宗教（文化）和经济起了作用。[4] 牛街今后的发展也离不开加强民族文化建设和发展民族特色经济。

服装是一个窗口，透过这个窗口可以看到一种文化。牛街特色新街区的建设，不仅需要具有民族特色的建筑，还需要能体现回族所信仰的伊斯兰文化的民族服饰。在我们针对牛街穆斯林（或家属）妇女的 28 份小规模调研问卷中，其中有 12 位有礼拜服，有 5 位计划买；有 10 位平时都戴礼拜帽，有 8 人做礼拜时戴，有 9 人偶尔 / 过节戴；有 18 位认为，伊斯兰教义对女性服饰的要求应该遵守；22 位认为在穆斯林节日的时候应该穿着自己民族特色的节日服装；22 位认为，在牛街开展回族服饰风情节是可取的。从这些数据可以看出，牛街回民仍有一部分妇女在遵守教规的同时十分渴望有自己民族特色的回族服饰。另外，有 12 位被调研者在建议和意见的空白处，写下了对回族服饰的看法和期望。其中一位女青年写道：“现在社会上的很多服饰太过于暴露，对于虔诚的穆斯林女性有时买衣服太难，希望你们早日为穆斯林打造出更适合中国穆斯林的服饰。”我们在牛街了解到，在牛街附近共有两家经销穆斯林服饰的商店，一家叫“优苏福”，以经销外国进口的“巴服”和西北厂家生产的穆斯林服饰为主；另一家叫“阿依莎”，是一家自产自销的小型穆斯林服饰加工公司，同时也承接朝觐团统一朝觐服的加工。但是当地的回民穆斯林一致反映，款式不多，过于舞台化，价格也偏高。所以现在牛街的穆斯林妇女，一般是托朝觐或经商的朋友从穆斯林国家或西北地区代买衣服。买衣难成了穆斯林妇女比较普遍的现象。有的就自己想好了样子，或者仿照别的乡老的款式，自己买料让裁缝加工，但是加工的地方不能绣花，不能满足一些乡老的要求。另外，为了进一步了解回族服饰开发的可能性，我们还于2006年8月走访了甘肃、青海、宁夏和内蒙古四省区的兰州、临夏、西宁、银川、吴忠以及呼和浩特等城市的回族聚居区，与回族群众、清真寺的阿訇、穆斯林服饰商店售货员、民族服饰企业老总、负责民族宗教事务的政府官员以及回族服饰文化研究人员进行了访谈。调研发现，有一定数量的回族群众希望能购买到既能体现民族风格，又比较时尚的回族服饰。但从所采访的两家民族服装企业看，他们不仅缺乏高素质的管理和营销人员，更缺乏既了解伊斯兰文化又懂设计的高级服装设计师。因此，研发能体现民族风格和时代气息的回族服饰产品，不仅可以丰富回族人民的服饰文化，展示民族风貌，而且有着比较乐观的商业前景。仅从国内来看，回族目前共有人口900多万人，除去日常装，单单礼拜服和节日服就是很可观的一个数量。

## 四、结束语

北京牛街回族妇女的服饰变迁随着牛街社区的变迁而变化。牛街这个具有特色的回族聚居区，在政治、文化、经济、宗教等多方面因素的作用下，经历了相对独立封闭的寺坊社区的形成、发展阶段和寺坊社区取消阶段，现在已进入到开放型、象征性社区的发展阶段。回族妇女的日常装早已汉化，随着北京服饰大环境的变化而变化。但她们的礼拜服和节日服则一直（除特殊时期如“文化大革命”之外）遵守伊斯兰教的精神，保持长而宽松的原则，只是服装的面料在变化。在调研中发现，许多回族妇女虽然不穿传统的回族服饰，但内心仍然深信着伊斯兰教。在当前保护性民族政策的实施以及文化和经济互动发展的形势下，不仅要建设民族特色街区，而且要研发既能体现民族风格，又有时代气息的民族服饰，这样的街区或社区才能更好地展示民族风貌，更好地发挥象征性功能。

**参考文献：**

1. 马坚译：《古兰经》，中国社会科学出版社，1996 年。

2. 良警宇：《牛街：一个城市回民社区的形成与演变》，中央民族大学出版社，2006 年。

3. 刘东升、刘盛林：《北京牛街》，北京出版社，1990 年。

4. 周尚意：《现代大都市少数民族聚居区如何保持繁荣——从北京牛街回族聚居区空间特点引出的布局思考》，载《北京社会科学》1997 年第 1 期。

# 我国西北地区回族服饰文化发展趋势调研报告*

郭平建　林君慧· 张春佳

**摘要：** 本文通过对甘肃、青海、宁夏和内蒙古的一些城市中回族聚居区的调研分析，探索了回族聚居地区的社会经济发展与服饰、回族的伊斯兰教育与服饰、国家和政府部门对民族文化和民族服饰发展的重视与支持以及回族服饰市场的现状与展望等几方面的问题，为进一步深入开展回族服饰文化研究提供一些启示。

**关键词：** 回族；伊斯兰教；服饰文化

回族是中国少数民族中散居全国、分布最广的民族。根据 2000 年第五次全国人口普查统计，回族人口数为 9816802 人，在 55 个少数民族中仅次于壮族和满族，主要聚居于宁夏回族自治区、甘肃和青海省。①回族是我国 10 个信仰伊斯兰教的少数民族之一，②其服饰充分体现了伊斯兰文化，因为"每一种文化都包含了某种宗教形式"③。但是在物质文明日益发展，传媒产业空前发达的今天，回族服饰在与大众服饰的碰撞与融合中会有什么样的特色？同时，又有多少回族穆斯林现在还穿着能够体现伊斯兰教精神的民族服装呢？为了对当前的回族服饰文化的状况有所了解，并探讨有关民族服饰开发的可能性，我们于 2006 年 8 月走访了甘肃、青海、宁夏和内蒙古的兰州、临夏、西宁、银川、吴忠以及呼和浩特等城市的回族聚居区，与回族群众、清真寺的阿訇、穆斯林服饰商店售货员、民族服

---

* 本文为北京市哲学社会科学"十一五"规划重点项目（07AbWY037）和北京市教育委员会基金项目（JD2006-05）资助成果之一。曾发表于北京服装学院学报艺术版《饰》2007 年第 4 期，第 38-40 页。

饰企业老总、负责民族宗教事务的政府官员以及回族服饰文化研究人员进行了访谈。现将调研情况总结如下：

## 一、回族聚居地区的社会经济发展与服饰

因为穆斯林的日常生活与宗教生活联系紧密，他们往往在长期居住地建筑清真寺，然后围寺而居形成聚居区。这种聚居区又带动着周边的经济发展，形成了一个个经济文化圈，这些文化圈有着相对独立的特点。甘肃、青海、宁夏和内蒙古的省会以及穆斯林聚居的城镇都有大小不一的清真寺，或古老或崭新，形态各异。在素有“中国的小麦加”之称的甘肃省临夏市，一条主要街道上就能看到数个规模宏大的清真寺。在甘肃省兰州市和宁夏回族自治区的吴忠市，还有不同寻常的新型寺院建筑——清真寺高高在上，寺院临街却开设有门市店铺，售卖与伊斯兰教有关的一些生活用品或者礼品，类似于高层住宅的底商。随着经济的发展和思想意识的开放，穆斯林在保持清真寺的至高无上的神圣地位的基础上，出租门面收取租金，达到以寺养寺的目的，从一定程度上缓解了教民的经济压力。而在宁夏回族自治区银川市的南关清真寺，则通过向游览者出售参观门票来弥补开支。从西北各地清真寺的修缮和兴建中我们看到了当地经济、社会的发展和伊斯兰文化的发展。

由于社会经济文化的迅速发展，除了清真寺的变化，还有更多的回民尤其女性来到以汉民为主的城市工作（伊斯兰教教义不鼓励女性外出工作，但也不反对），从着装尤其盖头上就体现出独特性；但是，这部分穆斯林妇女却不能像全职的穆斯林家庭主妇那样按照规定来做礼拜。因此，为了方便工作和生活，她们就逐渐改变了自己的生活习惯，而这种“改变”往往就是从拿下盖头开始。在西北的城市街道上总能看到中老年妇女穿着穆斯林传统的宽松衣衫，戴着严实的盖头，但却很少见青年人如此穿着。银川市南关清真寺为游客导游的两位回族女讲解员都没有戴盖头，更没有穿穆斯林服饰。她们说：“我们心里都明白，可是穿着不方便，也热，所以不愿意穿。”那些坚持穿着传统服装的穆斯林主要分为两大类：一类是无需外出上班，在家务农或者专职家务的家庭主妇；而另一类则是高素质的

虔诚的伊斯兰教教徒。

在1979年中国恢复朝觐之后，每年都有一大批虔诚的穆斯林（约8500人）去麦加朝觐。当中国人在服装上经历了“文化大革命”时全国上下一片灰、蓝、草绿后，回族服装也已经找不到能代表伊斯兰教义的服饰特征了；而那些去朝觐的人很自然地就把找寻传统服饰的目光转向阿拉伯国家，从他们的服装上寻找答案，不停地把国外的穆斯林服饰带回中国。这就形成了一种状况：款式、面料、颜色等整体品质较好的服装都是从国外购买的。国内生产的穆斯林服装服饰在设计和面料等方面都跟国外产品有着一定的差距。

在清真寺附近开设的穆斯林用品商店内出售的穆斯林服饰，国内产品价位一般在70–100元，而进口产品一般在130–300元不等(均指夏装)。在这次考察中，很多穆斯林反映：如果有专为穆斯林设计的服装，价格稍高也可以接受。可见回民聚居区经济的发展使得回民的消费能力有了很大的提高，从另一方面也说明了回族人民渴望拥有自己民族服装的迫切心理。

## 二、回族的伊斯兰教教育与服饰

《古兰经》[④]教义教育所有的穆斯林：应该不断学习，只有这样才能避免愚昧，因此回族历来重视教育。从唐宋时期开始的蕃学发展到今天，经历了蕃学、元代回回国子学、经堂教育、新式教育等不同的历史时期和教育形式，[⑤]而现在所有的以穆斯林和回族命名的公立学校都与普通学校一样，按区域招收适龄学生，不开设有关伊斯兰文化的课程。所以，为了学习和传承伊斯兰文化，回族人民在接受国家普及教育的同时还保留着自己的教育方式，包括经学院教育和清真寺办学两大类。经学院的教育属于国家教育，等同于普通高等院校的大学本科教育，培养的是未来的阿訇，学院拥有学士学位授予权；而清真寺针对不同年龄段的人定期举办的免费学习班，基本以教授阿拉伯语和《古兰经》教义为主，譬如兰州市的西关清真大寺以培养未来阿訇和经学老师为目标，对学生进行分班级教育。大多数培训班只是为了教化民众，让人们更加了解《古兰经》和伊斯兰文化；其中有些培训班也教授回族女孩缝纫之类的生活技能。

由于本次调研的时间刚好是学生的暑假期间，因此在内蒙古呼和浩特市的小寺里我们有幸看到所举办的从幼儿到高中生参加的暑假阿拉伯语和英语学习班，老师（义务的）在教授语言的同时加入了《古兰经》教义的内容。小寺的管委会主任还热情邀请我们参加了暑假班的毕业典礼，使我们得以感受到庄重而浓郁的伊斯兰文化氛围，这不仅是因为学生们所表演的节目充满了伊斯兰教文化内容，而且更重要的是所有出席此次典礼的学生和大部分家长都穿着能体现伊斯兰教教义的服饰——传统回族服饰。在这次典礼上，一个高中毕业生讲述了她在学习班里所经历的深刻的心理变化过程：从排斥伊斯兰教到接受再到最后信仰的过程，这都是寺院教育的力量。

显而易见，如今伊斯兰文化的延续与传播，主要是通过家庭教育和清真寺的学习班以及定期做礼拜来达到。而伊斯兰教义对穆斯林着装的要求同样也依赖于家庭和清真寺的教育与约束，如果没有人注重和要求，年轻的穆斯林在着装上肯定与汉民无异。

## 三、回族服饰市场的现状与展望

中国境内回族人口众多，将近 1000 万人，但生产、加工回族服饰的公司却寥寥无几。随着回族地区经济和社会的发展，回族人民想购买既能体现时代风貌又符合本民族特点服装的需求很难满足，成为民族服装企业和民族服饰研究人员亟待解决的一个问题。这种供需矛盾成为当前回族服饰发展状况的关键点。在我国服装产业总体迅速发展的形势下，民族的特色服饰生产依然存在着大量的空白需要填补。在我们的调研中，常常听到当地人们因难以购买到特别合适的服装而发出的抱怨声。

虽然从整体上来讲，我国的民族服饰市场很不完善，但是其中也有几家具有代表性的企业在为发展中国特色的民族服饰而努力。青海省伊佳布哈拉集团有限公司作为亚洲乃至全世界最大的穆斯林服饰生产商，原先主要生产穆斯林帽子、头巾和拜毯等，从 2006 年春季起开始生产穆斯林服装，产品主要销往国外（中东等地）。伊佳集团的韩董事长在接受采访时说，他们很想把服装市场做好，但是缺少人才尤其优秀的设计人才和管理人才，这成为企业发展的一个“瓶颈”。吴忠市的“万缔旎”服饰有限公司是一家中等规模的专门生产回族服饰的公司，同样为没有专业的设计师而头疼。而一些规模更小的作坊式的小公司更是几乎不可能拥有自己的服装设计师，基本上就是把不适合大部分人日常穿着的“巴服”做改动后，进行小批量生产。

在开发回族服饰方面，与其说我们是在传承回族服装，不如说是在复兴。这不是单纯的复制而是在原来的基础上加入时代的元素，设计出符合当代回族人民穿着的民族服装。伊斯兰教义虽然对着装有比较严格的要求，但从来都没有规定具体样式。因此，复兴就是在这种基础上对服装进行再创造，使它既符合民族传统习惯又符合现代人的审美要求。

## 四、国家和政府部门对民族文化和民族服饰发展的重视与支持

新中国成立以来，国家一直重视少数民族工作，特别在改革开放以后，在政策上更是给予一定力度的扶持。由于回族人口众多、分布广泛，又有着自己独特的信仰和风俗，因此回族地区的民族工作，尤其民族特色的建设工作显得十分重要。内蒙古呼和浩特市的回民区通道南路伊斯兰民族风情街，历史上就是回族聚居区。然而发展到现代，这一民族特色在很长时间内没有得到充分的彰显，街道两侧除了几座寺院外都是清一色的平顶矮楼。2006 年 3 月，国家与呼和浩特市回族区政府共同投资 6500 万元，并聘请一家美国建筑规划设计公司重新设计打造了这条伊斯兰建筑特色景观街。由政府进行大规模投资，兴建如此壮观的民族特色街，在国内可以称得上是首创。

吴忠市是全国重要的清真食品、穆斯林用品产业基地，七大类 280 多个花色品种的清真小吃使吴忠市成为“中国清真美食之乡”。最近几年，宁夏回族自治区政府和吴忠市政府在促进清真饮食业发展的同时，也同样重视回族服饰文化建设。吴忠市重视民族服饰文化的发展与该市民族宗教事务局丁局长的一次“尴尬”遭遇分不开。2005 年，在参加一次全国性民族会议时，丁局长作为 56 个民族代表中唯一的一位回族代表穿了一套临时购买的“巴服”在人民大会堂受到胡锦涛总书记的亲自接见。当胡主席

问她是什么民族的时候，她感到十分尴尬。从这件事情上，丁局长深刻体会到本民族服装的重要性和发展回族服饰的迫切性。于是，丁局长就开始邀请了一部分服装企业和歌舞团来吴忠市举办回族服饰的静态展览和表演展示，并大力扶持当地的服装企业生产具有中国特色的回族服饰。

青海的伊佳布哈拉集团有限公司 1998 年成立时注册资金仅有 25 万元，经过短短 8 年时间发展到现在 2.68 亿元的资产。“伊佳”不仅为我国西部大开发、促进西部经济发展做出贡献，也为弘扬民族文化和伊斯兰文化增添了一份儿不可或缺的力量。胡锦涛、曾庆红等党和国家领导人曾亲临视察了伊佳集团，足以证明国家对民族服饰企业的重视和支持。

## 五、结束语

从这次调研中我们看到，我国西北民族地区的经济、社会在发展，当地穆斯林民众享受着更大的宗教信仰自由，伊斯兰文化和民族教育在发展，国家和各地政府对民族文化的建设和民族服饰企业的发展给予了极大的重视和支持。我们也发现在回族服饰日趋汉化的同时，有相当数量的回族民众呼吁复兴本民族服饰，非常希望能开发出具有中国特色的回族服饰来填补国内市场的空白。因此，研发既能体现伊斯兰文化和民族风格又颇为时尚的回族服饰不仅能进一步丰富广大回族人民的日常生活，使优秀的民族服饰文化得以传承，而且具有很好的市场前景。

**参考文献：**

① 数据来自于 www.cnmuseum.com（中国民族博物馆）提供的“全国人口普查民族人口表”和“中国少数民族主要分布地区表格”。查阅时间为 2006 年 10 月。

② 中国信仰伊斯兰教的民族共有 10 个，分别是回族、维吾尔族、哈萨克族、柯尔克孜族、乌孜别克族、塔吉克族、塔塔尔族、撒拉族、东乡族和保安族。

③ [美] 菲利普·巴格比著，夏克等译：《文化：历史的投影》，上海人民出版社，1987 年，第 163 页。

④ 马坚译：《古兰经》，中国社会科学出版社，1996 年。

⑤ 铁国玺著：《浅论中国伊斯兰教教育》，《回族研究》，2002 年 1 月。

# 面纱下的思想回归
## ——记西北四省穆斯林服饰发展状况*

张春佳　郭平建

**摘要：**在新时期，民族服装的回归形成了越来越大的潮流，而穆斯林服饰也是在发展中找回了一些传统的元素，但主要是借鉴外来款式、图案、花色，缺乏具有我国穆斯林传统优秀元素的品牌，在这种情况下，可以融合我国传统文化特色，开发具有时代气息、能体现中华民族特色的穆斯林服饰，为丰富我国服装市场的品种起到一定的推动促进作用。

**关键词：**穆斯林；盖头；头巾；长袍

从2000年开始，世界时装舞台就开始不断地掀起一阵又一阵的怀旧浪潮，这其中牵动着诸多对于文化以及民族意识的回归。我国境内的诸多穆斯林对于与信仰相关的文化的回归也集中表现在年轻一代人的身上，对于民族服装、服饰的热爱，仿佛是悄然兴起的一股流行趋势一样，使盖头、长袍等传统穆斯林服饰更多地被年轻人所青睐和穿着。

## 一、西北四省穆斯林服饰概述

无论谈及哪个民族、哪个地区的服装，不可否认的一点就是，这类服装一定是与当地的自然状况、社会文化形态等大环境因素联系起来的。现在，本文所谈到的西北地区的甘肃省、青海省、宁夏回族自治区以及内蒙古自治区的穆斯林服装也是遵循着这样的原则。目前，我国境内信仰伊斯兰教的10个民族中又有着不同程度的差异，其大小基本取决于分布的地

---

* 本文为北京市哲学社会科学“十一五”规划重点项目（07AbWY037）和北京市教育委员会基金项目（JD2006-05）资助成果之一。曾发表于北京服装学院学报艺术版《饰》2008年增刊，第4-5页。

理位置。现在全世界的穆斯林传统服饰都很相像，只是会随着各地的自然与人文条件不同而略有差异。譬如在中国的甘肃省兰州市，穆斯林女子的头巾和长袍就与中东地区乃至麦加的女子服饰十分相似，这种在阿拉伯国家十分普遍的装束在中国就显得比较特殊。这其中，有相当一部分教义的规定因素，但是气候也是重要的决定因素之一。阿拉伯地区气候炎热、干旱，长长的头巾和肥大的长袍可以遮蔽烈日和风沙。在中国，气候条件与阿拉伯地区差异较大，分散在中国的很多穆斯林的服装都已经和当地服饰相结合。

在中国的西北，尤其宁夏的吴忠市、甘肃的临夏市以及青海的西宁和附近的循化都是非常有代表性的穆斯林聚居区。相对于中原各地，穆斯林服装在这些地方还比较有特色，各地以清真寺为中心，形成了诸多的伊斯兰文化城区。

## 二、女装

穆斯林女装最为典型的是黑、白两色。

黑色盖头：在甘肃的临夏市以及兰州和临夏之间的东乡族自治县，黑色以及墨绿色盖头居多，大多是黑色麻纱上面植绒的植物图案，款式单一。

彩色头巾：在大多数穆斯林看来，五彩缤纷的头巾是为年轻女子准备的，而白色则是为年长的妇女准备的，在旧式规矩中，黑色又是已婚妇女的标志。但是，随着社会的进步和发展，很多约定俗成的规则都发生了变化。在兰州、西宁、银川、吴忠、呼和浩特等地，年轻女子基本都选择了各式各样的彩色头巾，或单色印染，或珠片绣花，或以面料缝制成立体的花朵缀在纱巾表面或者以流苏形式装饰两端；形状大多为正方形和长方形两种，其中又以正方形居多，面料为薄纱，少数为真丝雪纺、双绉等；长条的多为东南亚的款式，颜色为大红、湖蓝、中黄等纯度极高的颜色，亮片装饰甚至满绣，但是面料多为纱支极低的网眼纱。

长袍：传统意义上，妇女着装要宽松，只可露脸、手。虽然随着时代的变化，这些规定已经改变不少，但是，总体来讲，在甘肃、青海、银川以及内蒙古这四个地区，保守些的穆斯林女装样式基本都是遵循这一原则的，只是长度有所变化。而且，除了少数的本土设计制作以外，高端的产品基本都是进口自中东地区的巴基斯坦、沙特阿拉伯以及东南亚的马来西亚、印度尼西亚甚至南亚的印度，其中，巴基斯坦的服装又被称为“巴服”，它们几乎成为穆斯林女装的代表性样式。巴基斯坦女装长度及膝，裤子腰围宽松，典型的用色有松石绿、曙红等，多有绣花以及镶嵌等装饰。而目前我们本土的服装产品品种相对较为单一，基本都是长度及膝的印花上衣配同色裤子，或者深色及踝长袍。然而，其中出现了一个非常值得关注的现象：部分穆斯林服装上衣开始收腰，这不能不说是与现代服装的一定意义上的融合。虽然教义有着严格的规定，但是人们的思想意识已经处在非宗教文化占主流的社会中，所有的文化类别也都倡导着不同于以往的审美趋向，除了这种收腰的长袍以外，更为明确的就是大多数穆斯林年轻女子不再身着长袍，而是只保留头巾。因此这种彩色长袍、收腰上衣与头巾搭配时装之间就形成了非常有趣的三级台阶，将传统的黑色长袍与现代时装在穆斯林中间形成了完整的过渡。

女童装：在女装市场相对不是十分丰富的情况下，女童装品种就显得更加贫乏了。虽然，现代的学校教育过程中，穆斯林女童基本都不再穿着民族服装，但是，在节日或者庆典中，还是有相当多的家庭要求孩子穿着民族传统特色服装。在现代社会的愈加发达、家长的知识水平愈加提高的情况下，他们反而会更加愿意让子女了解本民族的传统和特色，希望将民族的一些优良传统精神延续下去。

## 三、男装

对比女装市场的款式丰富、色彩多变，穆斯林男装的款式和色彩就十分单一了。在甘肃、西宁、银川以及内蒙古，这几个地区的男装款式十分相似，都是以白色为主，偶尔有棕色出现，其他颜色只是出现在帽子或缠头巾的变化上。

帽子以及“戴斯塔尔”：帽子是现代社会穆斯林男子的最主要的标识。在中国的西北地区，帽子主要分成以下几类：

（1）平顶，纯白色，帽体上有同色刺绣；（2）尖顶六角帽；（3）平顶，纯白色，帽体上异色装饰；（4）平顶，黑色或棕色，帽体上刺绣装饰。另外，“戴斯塔尔”是一种缠头巾，是将一块正方形的头巾对角对折，缠在男子头上。

长袍：穆斯林男子的衣服绝大部分为白色，但是由于季节不同，冬季的服装深棕色也很多。在中国，一些地区的穆斯林服装也被融入了当地的特色。譬如，立领和尺长的前开襟变为中式的弧线立领和前对襟、盘扣的马褂样式。

马甲：马甲是穆斯林男子服装的一个传统品类，但是年轻人的穿着基本上都是白色外衣和长裤，年长者穿马甲的比例较大。马甲多为灰色、黑色等深色，绣花等装饰不多。

男童装：与女童装相比，男童装的缠头巾和长袍更像是成年男装的小尺码。但是，男童装在市场上更为少见，几乎只能依靠进口。

## 四、面料

穆斯林男性不穿真丝织物，因而我国西北四省——甘肃、青海、宁夏、内蒙古境内的穆斯林服装面料目前基本上为化纤织物。女装的面料基本也是以化纤为主，头巾有部分是真丝面料。大部分的服饰质地、做工都十分粗糙。在呼和浩特，只看到极少的几件进口的女装采用纯棉面料制作，虽然工艺不是十分精细，但是依然很受欢迎。由此看来，西北地区的穆斯林在面料方面的认知度还有很大的提升空间，纯天然面料的推广也有相当大的市场潜力。

## 五、总结

我国西北四省区的穆斯林服饰有着自己的鲜明特色，与当地的地理、人文环境以及经济发展水平息息相关。在新时期，民族服装的回归形成了越来越大的规模，而穆斯林服饰也是在发展中找回了一些传统的元素，但缺乏带有我国回族传统优秀元素的品牌，大量的外来服装或者外来的设计在这个时候占领了我国的穆斯林服饰市场。在这种情况下，可以在借鉴东南亚、中东等地特色之后，融合我国文化传统，开发具有时代气息、能体现中华民族特色的穆斯林服饰，将大大丰富广大穆斯林群众的服饰文化生活，这在新时期倡导民族大团结的氛围下也会成为一抹亮色，为丰富我国服装市场的品种起到一定的作用，具有十分广阔的开发空间和美好的发展前景。

**参考文献：**

1. [ 美 ] 菲利普·巴格比著，夏克等译：《文化：历史的投影》，第 163 页，上海人民出版社，1987 年。

# 浅析宗教服饰与民族服饰的关系
## ——与回族和维吾尔族青年知识分子的访谈分析*

陶萌萌　郭平建

**摘要：** 宗教服饰与民族服饰之间的关系是研究信仰伊斯兰教民族的时候必须也是必然会遇到的问题之一。由于伊斯兰教强调入世，使得宗教服装与民族服装之间的关系相当紧密。但是在现代社会文化的影响下，宗教服装与民族服装的关系变得愈加的复杂。本文通过分析对两位回族和维吾尔族青年知识分子（W，维吾尔族青年26岁，大学毕业，中学教师；H，回族青年，28岁，在校研究生）的访谈，试图了解当前传统服饰在文化冲突中的状态。

**关键词：** 民族；宗教服饰；回族；维吾尔族

## 一、概述

宗教文化是人类生活中非常重要的部分，直至今日仍然如此。不论是在西方还是东方，宗教文化对人类的文明发展有着重大的影响。而民族文化对于世界来说也极其重要，形成了丰富多元的世界民族文化，促进了人类文明不断变迁。在宗教文化和民族文化的影响之下，形成了宗教服饰与民族服饰。

从世界范围来看，宗教文化与民族文化一度是紧密结合的，尤其伊斯兰教。但是现代社会的急剧变化使这两者之间的关系产生了变化。现代的

---

* 本文为北京市哲学社会科学“十一五”规划重点项目（07AbWY037）资助成果之一。2009年夏季在新疆调研后完成，曾发表在北京服装学院学报艺术版《饰》2009年增刊，第18–20页。

西方文化已经被默认为“现代文明”的代表，这种“国际文化”深深影响了作为“现代人”的我们。在中国，西方文化逐渐为不少人所崇尚，在城市尤其如此。人们逐渐习惯了被包裹在一层“国际化”的色彩。与宗教文化和民族文化对应的宗教服饰和民族服饰，在面对全球化大潮的冲击以及成衣工业快速发展的步伐时，也免不了出现不同程度的衰弱趋势。

究竟该如何定义宗教服饰与民族服饰呢?

依据“教学基础资源库”[①]中的解释，宗教服饰是：宗教专用服装。是在宗教发展过程中，依附教义信条、神学理论、清规戒律和祭仪制度，陆续形成的。往往是一宗教或一教派的标识。而民族服饰则表述为：具有传统民族形式的服装。又称民俗服。是民族政治、经济、思想、文化的反映，体现着民族心理素质。民族服装在特定的社会生活及自然环境中形成，符合民族的生活习惯和审美意识。其民族特征主要表现于服装的造型、款式、色彩、材料和服饰配件等方面。另外在邓学禹翻译的不列颠百科全书中的“宗教服饰”[②]的概念是：“宗教服饰，广而言之，是指公共、家庭和个人祭祀活动中穿着的范围广泛的服装和饰物徽记。”而在杨淑媛的《民族服饰文化散论》中对于民族服饰是这样诠释的：“民族服饰是一个民族族类群体的外在标志，是这个民族物质文化、精神文化的外显符号，又是这个民族的民族性格、民族心理与气质的外化形态。”[③]

从宏观上看，宗教信仰与民族传统文化相分离。在服饰上则表现为宗教服饰与民族服饰是有明显的区别，各民族信仰同一宗教却有着各异的民族服饰。但是在这篇文章中，我们是以伊斯兰文化对我国少数民族的宗教服饰以及民族服饰的影响为切入点，从微观上研究在当代我国具体文化环境下，伊斯兰文化中宗教服饰与民族服饰的关系。而从微观看民族和宗教信仰有时很难分开，体现在服饰上两者的区分并不明显。所以，为了便于阐述宗教服饰与民族服饰之间的关系，我们将上述两种服饰理解为：宗教服饰就是服饰上体现了较多宗教信仰元素的服饰，而民族服饰则为服饰上体现了较多民族文化元素的服饰，因为在主体服饰中蕴涵了宗教和民族的元素，两者很难区分，有时也很难独立存在。其中宗教的元素表现出严肃性、稳定性和较强的传承性；民族的元素则体现为多样性、多变性和可发展性。

## 二、调研内容与方法

信仰伊斯兰教的民族在我国有 10 个，其中回族和维吾尔族这两个民族在信仰、民族人口数以及生存的自然环境和生产生活方式方面比较接近且有所区别。在民族服饰与宗教服饰方面，这两个民族既有相似的地方又有各自的特点。所以，通过了解这两个民族对民族服饰和宗教服饰的看法，有助于我们理解民族服饰和宗教服饰的关系。需要说明的是，宗教人士的服饰不在我们讨论的范围内，它更具有明显的宗教特征，相对于大众来说是特例。

另外，对民族服饰的研究通常都偏向于妇女的服饰，而对男性服饰的研究相对比较少。部分原因是由于妇女的社会地位和经济地位使她们的服饰能够更多地保留民族特征，且富有艺术性。所以我们在选择调查对象的时候，只选择了男性作为访谈对象，以期从男性的角度探讨相关问题。考虑到年轻人受到文化冲突影响较大，从年轻人的理解中往往更能够看出文化的发展方向，所以在选取调查对象的时候偏向于年轻男性。由于宗教与民族问题是比较敏感的话题，为了了解人们内心的真实想法，本研究主要采用的是民族学、社会学的重要研究方法——深入访谈的方法。通过熟人介绍、依靠人际关系的操作方法来选择具体访谈对象，以便得到比较有信度与效度的第一手访谈资料。另外，为了能够更加直观地理解被访谈者的认知，以实地观察的随机采访调查方法作为补充。

## 三、访谈分析

### 1. 中国穆斯林的民族服饰与宗教服饰是否相同

一般来说，维吾尔族在信仰伊斯兰教之前就有戴帽子的着装习俗。他们“不论男女老幼，不分春夏秋冬都有戴帽子的习俗。参加送葬，参加喜庆活动或宗教活动的时候一定要戴帽子，否则会被认为是不礼貌，不尊重对方。这种习俗，被维吾尔族看成是一种美德”④。回族是先有宗教后有民族，通常认为回族因为宗教而戴帽子，这是基本达成共识的。

究竟那些被普遍认为是民族服装在被采访者来看，属于宗教服饰还是民族服饰呢？

接受采访的维吾尔族青年这样说：“穆斯林几乎都有自己的帽子，在他们的实际生活中并没有什么宗教服饰与民族服饰的区别。至少在我了解，没有很严格的分类，应该说是融合在一起，不分你我的。”

而回族小伙儿是这样说的：“宗教服饰和民族服饰还是很有区别的。信伊斯兰教的民族有很多，国内的、国外的。不同的民族有不同的服饰风格。帽子和盖头的存在，是由于教义中的规定。朴素的风格，则多由于生存环境、生产劳动等生活中形成的风格。”

显而易见，被采访的维吾尔族青年认为民族服饰与宗教服饰是相融的，而回族青年则认为，民族服饰与宗教服饰是有区别的。因为对维吾尔族青年来说，帽子是民族的特征之一，而对于回族青年，只有在宗教活动时，帽子才是必须要戴的。

### 2. 穆斯林戴帽子这个着装习俗中包含的文化倾向

维吾尔族青年这样表述：“虽然我们所戴的帽子算是宗教服饰，但是更象征着一个民族的精神。而且穆斯林几乎都有自己的帽子，像回族的白帽子，我们也戴啊。有时候我们找不到帽子的时候，随便戴个帽子就去寺里了。”

而回族小伙儿是这样说的：“回族的民族服饰，其实日常生活中，除白帽子以外，其他元素并不明显。回族的日常服饰显示出了与汉民族服饰融合的特征。所以，只能说回族的民族服饰，只保留了一部分与教义密切相关的内容。白帽子更多的还是体现了宗教。”

在被采访者自己看来，维吾尔族的帽子能够更多地表现出民族文化特质，而回族的帽子似乎与宗教联系更加紧密。

究竟是什么原因导致被采访者有这样的认知呢？

1. 从伊斯兰文化与中国传统文化的相互作用来看

文化环境对任何民族文化的具体内容以及发展方向都会产生重要的影响。在中国，伊斯兰教服饰与信仰伊斯兰教民族的服饰之间关系比较复杂，不同民族在服饰认知上的侧重点，或者说理解上的倾向，很大程度上也是依赖民族所生存的外部文化环境决定。

2. 从民族融合中的文化冲突来看

回族由多民族融合而成，在民族融合的过程中，必然会出现民族文化冲突。在冲突中各民族的文化需要寻找一个都能够接受的契合点，而这个契合点正是他们的信仰——伊斯兰教，这成为回族得以形成的支点。由此形成的回族服饰文化更多地表现出宗教的特质就顺理成章了。而维吾尔族由单一民族构成，原本信仰其他宗教，在改信伊斯兰教的过程中，不存在回族形成过程中的民族文化冲突。因此，在维吾尔族服饰中较多地保留了本民族的文化特质。从两个民族所处的文化环境上看，回族以大分散小聚居的方式处于中国内地，相对于居住在中国西部边陲且集中分布的维吾尔族来说，更多地受到汉民族文化的影响。由此形成了这两个民族对民族服饰与宗教服饰文化内涵的认知上的差异。

## 四、宗教服饰与民族服饰的穿戴场合

人们在服饰上认知的倾向与服饰的实际用途是分不开的，用途的改变会直接影响人们对服饰的认知以及服饰内涵的变迁。从上面两个民族青年的表述不难看出，维吾尔族服饰的适用范围还较为宽泛，不论是日常生活还是宗教场合，不论是聚会还是赶集，服饰还是生活以及民族文化中重要的部分。而回族的服饰经过数千年中国传统文化的影响，主体服饰的民族识别性减弱，只有头饰作为民族身份以及宗教身份的象征被保留下来。不少回族只有在进行宗教活动的时候才穿戴传统服饰，服饰使用场合的改变带来的必然是对其认知的变化。面对文化环境的改变，虽然维吾尔族在服饰的认知上也有变化，但是较之回族服饰认知变化在程度上不同。这两个民族无论是宗教服饰还是民族服饰都在逐渐的向象征性的服饰过渡，只是由于文化环境的不同导致两者服饰文化变迁的步调不一样。

## 五、服饰与信仰的关系

不论是维吾尔族还是回族，其传统服饰都不可能排除宗教文化的成分，即便是维吾尔族偏向于民族特质，其服装中也能反映浓厚的宗教特质。

从对这两个民族青年的个案研究中不难看出，在我国民族服饰与宗教服饰的关系比较复杂，我们不能将两者简单地合并，但是也不能断然地将其分开。维吾尔族青年和回族青年在宗教服饰与民族服饰认知上的差异，由多重因素导致。

首先，外部的文化环境是不可忽视的因素。因为外部的文化环境的不一样，使得人们对民族服饰和宗教服饰的认知出现差异。其次，民族形成以及融合，对于文化的变迁影响非常重要。在这个过程中单一民族要比多民族融合形成的民族在文化方面有较强的确定性和稳定性。在面对外来文化时，民族意识表现得也相对强烈。再次，由于调查方法本身的缺陷，我们无法完全排除被采访者所处的外在文化对其自身认知的影响。

另外，在研究受到伊斯兰文化深刻影响的民族时，我们不可能避开信仰的因素。在实际调查中我们也看到，信仰在不同的族群中的表现有所不同，包括对服饰文化特质的认知上也有差异。维吾尔族青年明显偏向于民族元素，而且认为是否穿戴传统服饰并不能作为衡量一个人信仰程度的标准；与此同时，回族青年则对宗教元素更为看重，但是他认为服饰无法作为丈量一个人信仰的尺度，认为行为才能算是有效的衡量标准，那么即便“穿戴传统服饰”也是一种行为，也不能作为衡量标准。

## 六、结语

鉴于宗教服饰与民族服饰的复杂关系，我们认为可以用另一种观念来认识中国少数民族的宗教服饰与民族服饰，尤其信仰伊斯兰教的少数民族。作为信仰伊斯兰教的回族和维吾尔族这两个民族，其服饰中同时具有宗教与民族的特质，即服饰上的民族文化元素和宗教信仰元素是紧密结合的。不同的民族对于他们服饰上这两个特质的理解相异，是因为其中体现的宗教元素或者民族元素的多少不一样。在他们的现实生活中宗教服饰（元素）与民族服饰（元素）是融合的，只是有的民族所穿的服饰，宗教元素多一些，民族元素少一些，所以偏向于称其为宗教眼饰；有的民族的服饰上民族元素则多于宗教元素，偏向于称其为民族服饰。而且随着社会发展变迁，宗教信仰逐渐变化（如信仰减弱现象、上寺与否），民族文化融合愈加深刻（汉族与其他民族，少数民族之间，中西民族的文化融合），而体现在服饰上的宗教和民族元素也随着社会文化发展而变迁。

面对现代西方文化的冲击，宗教文化与民族文化不可能维持原初的状态，必定会随着文化环境的变化不断地变迁。我们要用积极乐现的态度来对待少数民族服饰文化的变迁，并给予更多的关注。

**参考文献：**

1. 教学基础资源库 http://bbs.ccit.edu.cn/kepu/100k/index.php

2. 邓学禹：《宗教服饰》，载《宗教学研究》1983 年第 3 期。

3. 杨淑媛：《民族服饰文化散论》，载《贵阳金筑大学学报》（综合版）2001 年第 6 期。

4. 曹红：《维吾尔族生活方式——由传统到现代的转型》，中央民族大学出版社，1999 年。

# 浅谈回族传统服饰文化研究中的服装设计开发*

张春佳　郭平建

**摘要：** 在对我国比较有代表性的西北地区以及北京的回族聚居区的回族服饰文化调研后发现，尽管目前的回族服饰由于长期受到民族服饰文化融合的影响，已没有明显的特点，但广大回族民众非常渴望能购买到既能体现民族风格，又有现代气息的服装。为了传承优秀的民族服饰文化，满足回族人民的服饰文化需求，我们在研究回族服饰文化的同时进行了回族服饰的设计开发。本文探讨了几种回族男装、女装的设计理念与手法，并绘出效果图，供商榷。

**关键词：** 回族；服饰文化；服装设计

## 一、引言

我们对回族服饰文化的研究始于 2006 年。在对我国西北四个省和自治区——甘肃、青海、宁夏、内蒙古进行走访调研之后，收集了很多第一手资料，对西北地区的回族服饰现状有了进一步认识（郭平建等，2007）。当地的基本情况是民族服装的发展比较滞后，市场上现有的服装品种和质量很难满足人们日常生活需要（张春佳等，2008）。由于西北地

---

* 本文为北京市哲学社会科学“十一五”规划重点项目 (07AbWY037〉和北京市教育委员会基金项目（JD2006-05）资助成果之一。曾于 2009 年 7 月在昆明召开的国际人类学与民族学联合会第十六届世界大会 (The 16th International Congress of Anthropological and Ethnological Sciences) 民族服饰专题会议上宣读，并收录于杨源主编的《民族服饰与文化遗产研究》论文集，艺术与设计出版社，2009 年，第 259-262 页。

区是我国目前回族或者穆斯林民族传统保持相对较为完整的地区，因此，我们以西北尤其宁夏回族为例，展开研究。与当地有关部门接触后也发现了很多现实问题，最为突出的就是实际生活中传统民族服装的穿着机会越来越少，并且缺乏具有本民族特色、能够代表回族文化的服装。同时，与之相对应的是越来越多的年轻人乐于穿着有传统特色的民族服装，这种传统思想的回归在其他几个回族人口较多的省份也都有所体现，譬如，呼和浩特的小学阿拉伯语免费学习班中，就有非常多的回族家长送子女入学，教导子女传统民族礼仪以及穿着传统服饰。其中服装上面存在的问题也集中在国内的回族服饰品种单一、款式不够现代等方面。2007 年秋，项目组参加了宁夏回族文化节，在活动过程中发现，回族服装的设计和开发在当地为政府相关部门所重视，但是实际情况不容乐观，包括企业数量、设计水准等方面都有待发展和提高。在此期间，对于北京回族服饰的调研工作也一直在开展，以牛街为例，项目组走访了清真寺、相关协会、服装店以及众多牛街的回族居民，从他们那里，也反映出很多类似的问题，诸如市场上的回族服装无法满足日常需要，等等（郭平建等，2007）。于是，项目组自 2008 年开始针对调研过程中遇到的诸多问题，结合实际进行回族服装的设计开发。希望能够从设计的角度对传统单一的回族服装进行改进，以求设计出既能体现民族特色，又具有现代气息的服饰作品，在一定程度上满足部分回族人群日常着装的需求。在开发的过程中，也充分考虑调研过程中所了解的回族着装需求，尽量保留基本的回族传统着装要求，同时结合中国传统服饰特点以及国际流行趋势，从款式、面料和加工工艺等方面对原有服饰进行改良，设计开发符合现代生活特点和生活节奏的服装，力图为民族传统文化的传承和保护做出努力。

## 二、回族女装设计

同其他大多数民族服装一样，回族服装的设计过程中，项目组也将女装的开发放在了一个比较重要的位置上。设计所依据的理念中包括大量的民族感以及时代感，尽量使设计作品既符合穆斯林民族的传统要求，又体现中国的时代特色。回族是穆斯林民族之一，民族传统规定女性日常生活着装只能露出脸和手，头发、颈部、手臂及腿都属羞体，应当遮盖。因此设计方案要尽量满足这些要求。但是也存在很多问题，例如，不同年龄段的回族女性对服装的要求不同，年长者较为传统保守，年轻人则偏好色泽艳丽的东南亚进口的穆斯林服装。

总结这些经验的时候，设计方案被划分成几个类别，以顾及不同年龄段人群的需求，总体上有日常装、礼服、休闲装三类。

### 1. 日常装

日常装的设计与休闲装相比较，年龄适应度更为宽泛，从青年到中年、老年都作为设计对象。相比较礼服的正式、华丽和复杂，日常装则比较简单；相比较休闲装的活泼时尚，日常装的设计偏重传统些，如此，可以满足更多年龄段的需求 。

### 2. 礼服

礼服的设计基于传统要求，适合年轻人，也考虑年长女性的审美需求，结构上采用更多的变化，改良礼拜服的呆板和不够美观。面料品种和花色上增添较多的设计构想使这类服装更为符合节日或者活动的气氛。刺绣、贴花等加工手法使工艺上与现代服装的加工贴近了许多。

### 3. 休闲装

休闲装较多的采用纯度较高的色系，如粉红、湖蓝、草绿等，款式上在保证传统习俗的前提下尽量与当下国际时尚流行趋势接轨，力求使设计更为生活化，更具时尚感。这也是考虑到调研的过程中，大多数的回族年轻女性都认为市场上出售的服装过于沉闷，不够年轻和时尚，所以基本不会购买，只是扎系头巾。除了使设计作品的颜色更为年轻时尚，在面料的选择上也充分考虑到实际需求，在传统的较为单一的化纤面料中加入真丝、纯棉、麻、羊毛等天然面料，使服装的穿着更为贴身和舒适。款式上尽量使传统的直腰身宽松长衫在一定限度内变得更为灵活时尚，适应现代生活节奏。

4. 配饰

除了服装以外，配饰也作为一项重要内容进行设计。原因就在于，越来越多的回族女性或者穆斯林女性在服装上找不到满意的选择后，只是佩戴头巾或者帽子来表明民族身份。头巾的需求和售卖在西北地区比服装更为大量和广泛。因此十分有必要将头巾单独作为一项设计内容进行开发。头巾不同于服装，其款式变化大同小异，以长方形和正方形为主，偶尔会出现三角形或者连帽的盖头。颜色上尽量以绿色、白色、黑色这三种穆斯林传统颜色为主色，适当地搭配其他颜色，图案方面如同服装的花色设计一样，尽量以植物纹样为主，辅助抽象的几何图形。根据不同季节需要，在面料质地上加以变化，但是薄型织物占主导，如真丝、纯棉，冬季适当增加毛织物的比例。

## 三、回族男装设计

回族男装乃至穆斯林男装整体来讲款式都十分相像，以宽松长袍或短衫搭配长裤，头顶戴"戴斯塔尔"或者帽子。"戴斯塔尔"是回族男子的一种包头巾，花色一般为简单的几何纹样。在男装的设计中考虑到季节的变化将男装大体划分为两类：一类为秋冬装，以外套、大衣为主，款式较长，面料偏厚，采用羊毛或化纤混纺织物，侧重保暖；另一类为春夏装，以长袍或短装为主，面料以薄型的化纤、棉麻织物为主。由于男装设计比较简洁，因此，依据传统习惯，只在衣领、袖口处做少量的装饰，譬如刺绣或者印花。图案内容多为装饰性较强的连续植物纹样或者几何纹样，颜色以绿色、白色、黑色和棕色为主要选择。搭配同种纹样的帽子。帽子底色以白色为主，少量棕色底色搭配秋冬装。由于本项目重点考虑日常生活装，因此，戴"戴斯塔尔"没有作为主要对象进行设计开发。

## 四、设计小结

在整体的设计过程中，项目组遇到的最大问题就是如何处理回族服装的民族感的问题。由于回族长期与其他穆斯林民族选择同样的着装，从服饰方面无法体现本民族特色，本次设计开发服装的难点也在于此。首先从款式上，中国境内的各民族都同属华夏大民族，可以在穆斯林的长衫中适量地加入立领盘扣等中式传统服装元素；另外，回族长期与汉族混居，民族文化的融合现象不同忽视，可以利用传统中式服装的部分花色图案作为回装的装饰手法；另外，可以从颜色方面使其更为通俗和现代。总之，无论具体细节是否应用中式元素，开发过程中，服装整体设计理念要贯穿东方着装的文化传统，体现中华民族传统特色。

然而，服装的设计开发最终不完全是以在理论上得出结论为目的的，它要求市场或者回族着装者给出评价。因而，在设计过程中，项目组一直在与西部以及北京多家企业商谈开发事宜，力求将成果推向市场。

## 五、结语

民族文化的传承和保护十分重要，正如许多专家学者所说，对于传统文化的保护，不能要求原著居民一直穿着传统服装以传统的方式生活。无论是服装也好，生活方式也好，从手织土布到合成纤维，从肩扛手提到物流运输，社会在进步，人们的生活方式也在发生着巨大的变化，不能强迫需要保存或者保护的文化载体停滞不前，传统文化在这个时候也需要有更为妥善的保护和发展方式。对待传统民族服饰，譬如回族，如果能在保护和发展回族传统服饰文化方面进行一些尝试，也算是对民族文化传承和保护做出的一点努力了。

**参考文献：**

1. 郭平建、林君慧、张春佳：《北京牛街回族妇女服饰的变迁及发展趋势》，载《内蒙古师范大学学报》2007 年 9 月。

2. 郭平建、张春佳、林君慧：《我国西北地区回族服饰文化发展趋势调研报告》，载《饰》2007 年 12 月。

3. 张春佳、郭平建：《面纱下的思想回归——记西北四省穆斯林服饰发展状况》，载《饰》2008 年增刊。

# The Integration and Evolution of the Costume Culture of Beijing's Hui People ①

**Tao Mengmeng, Guo Pingjian ②**
**Dept. of Foreign Languages, Beijing Institute of Fashion Technology, Beijing, China**

## 1. Introduction

More attention has been paid to the dress culture of the Hui people in the Northwest regions than in the metropolitan areas of China (Guo et al, 2007). In fact, the development of the dress culture of the Hui people in the metropolitan areas has, to a certain extent, influenced the overall growth of the dress culture of the Hui people in China. Beijing, the political and economic center of China, is an ancient city with various cultures, of which Hui is an important one. This essay is to explore the mixed influence of the Western costume culture, traditional Chinese costume culture as well as Islamic clothing culture on the development of dress culture of Beijing's Hui people, so as to improve the development of the ethnic costume culture in Beijing.

## 2. Method

Three methods are predominately used in this study. The first one is literature review. Historical literature and materials on the subject were

---

①本会议论文收录于 2009 International Conference & Exhibition "Global Fashion & Multi-Culture" Proceedings, The Costume Culture Association, Korea: 2009.10.19:p.165–167. ISSN 2005–3312. 本次再收录时经澳大利亚 Chris Lorch 先生审读。

② Corresponding author : Guo Pingjian, pjgl29@aliyun.com

examined, for history has had a deep influence on the change of fashion. The history of Hui people is complicated and more influential. The second method is participant observation. Researchers participated in the daily and religious activities to observe the dress life of the Hui people in Beijing. The third one is face-to-face interview. Individuals of the Hui people were interviewed to find out their inner thoughts concerning their dress culture. From these observations and interviews it is found that there are subcultures among Beijing's Hui people, and there are connections between the subcultures and the mainstream culture.

### 3. Results

It is found in the historical materials that the culture of Hui is formed by integration of different ethnic cultures, and is therefore different from the other ethnic groups in China. Hui not only has national lineage of native ethnic groups such as the Mongols, the Uigur, and the Han but also has international components such as Persian, Arab, etc. The integration of these ethnic people has been a constant during the forming and developing of the Hui. In the process of integration, the ethnic costumes of Hui have changed significantly. There are no characteristics of Mongols and Uigur ethnic costumes in today's Hui ethnic costumes. Neither can we find the patterns or other elements of Persian, Arab or other foreign nations. Simplification has been the prominent characteristic of today's Hui ethnic costumes.

The costume culture of Beijing's Hui people has been in the process of integration all through history. Whether in Ming Dynasty or in Qing Dynasty, Beijing's Hui ethnic costumes are influenced by the cultures of Han, Man and other races. And in this process, Hui strengthened the function of the religion - Islam as their cultural core, and removed the material elements such as some traditional costume features. They have only kept the most important elements of their costume culture which can be accepted by the mainstream culture. It is also found that there is mixed influence of the Western costume culture, traditional

Chinese costume culture as well as Islamic clothing culture on the development of Beijing's Hui ethnic costume culture.

**1)The Influence of Western Costume Culture on Beijing's Hui Ethnic Costume Culture**

The main difference between the Western costume culture and Beijing's Hui costume culture is in the understanding of beauty. In Western costume culture, the aesthetic function of human body is given prominence and the aesthetic function of dress is stressed to modify the human body. But in the costume culture of Hui, which is greatly influenced by Islamic culture, the practical and ethics function of the costume is emphasized. Even so, the influence of the Western costume culture can still be seen in the dress of Beijing's Hui people.

**2)The Influence of the Traditional Chinese Costume Culture on Beijing's Hui Ethnic Costume Culture**

Today's traditional Chinese costume culture has also been influenced by the Western costume culture. China accepts some of the Western costume culture gradually. As the mainstream culture of the nation, traditional Chinese costume culture influences the ethnic costume of Beijing's Hui people, too. Through historical cultural integration, Hui ethnic costume culture and Chinese traditional costume culture have already had something in common in regard to aesthetics. But with the development of Beijing's society and culture, the Chinese traditional costume culture has changed, which causes the costume of Hui to lose its reference. But to a certain extent, this environment gives Beijing's Hui costume culture a broader space and more chances to develop.

**3)The Influence of Islamic Clothing Culture on Beijing's Hui Ethnic Costume Culture**

Modem Islamic costume culture also is an important factor which influences the costume culture of Beijing's Hui people. The Hui people had little contact with the Islamic world during Ming and Qing dynasties because of the "close-door" policy of the two dynasties. Therefore the influence on the costume of

Hui during that period mainly came from traditional costumes of Han and other ethnic people such as Man. The color and style of Hui costume changed significantly and some traditional elements disappeared in this period. Nowadays the Hui people have more and more contact with the Islamic world. And they find that their clothes are quite different from those of the Islamic world. Theirs are so simple and have lost some of their special features. The Hui people now really expect the return of their traditional culture and borrow some elements from the costumes of other ethnic peoples who believe in Islam to enrich their costume (Zhang, Guo, 2008). And it is often found that some of Beijing's Hui people like to wear the costumes of other Islamic nations such as Malaysia and Pakistan.

## 4. Conclusion

Today more and more Hui people have noticed the lack of their costume culture and some of them have begun to devote themselves to the research, protection, development and innovation of their traditional costume culture. But most of them just copy the styles of other Islamic nations and have not done deep exploration into their own traditional costume culture. Even though some of these new designs have been accepted by some Hui people, this acceptance is only within a small area. These new designs may become a kind of fashion to some Hui people, but it will take a long time for them to be adopted by the whole Hui people. Therefore it will also take a long time for the Hui people of Beijing to reach a common understanding of their costume culture and gradually develop its features.

## Acknowledgement

This research is sponsored by Beijing Philosophy and Social Science Eleventh Five-Year Planning Project Fund. No.: 07AbWY037.

## References

Guo, P., Lin, J. & Zhang, C. (2007). The change and development trend of women's dress of Hui nationality in Niujie Street of Beijing. Journal of Inner Mongolia Normal University, Sept.

Zhang C. & Guo, P. (2008). The return of the Islamic spirit under the veil: An investigation of the development of the Muslims' dress in the four provinces of North -Western China. Journal of Decoration, Dec. (additional).

# Study on the Development Trend and Design of Dress for Hui People in Beijing*

**Ping–Jian Guo[1], Meng–Meng Tao[2]**

*[1]Beijing Institute of Fashion Technology, No. 2 East Yinghua Raod, Beijing, 100029, China*
*[2]Ningxia Social Science Academy, No. 8 Xinfengxiang, Shuofang Road, Yinchuan, 750021, China*

**Abstract:** This paper, based on surveys carried out among the Hui People in Beijing, explores the present status of the dress culture of Beijing' s Hui people during the process of urbanization, forecasts its development trend and puts forward some instructive suggestions for designing ethnic dresses embodying both Hui style and modern elements. The aim of the research, therefore, is to protect the inheritance of ethnic dress culture as well as to promote harmonious communities and national unity.

Five trends were found for ethnic costumes to be worn mainly during rituals, symbolizing the culture of Hui people in fashion, diversity and in expressing the separation of ethnicity and religion. In addition, seven suggestions for developing the dress of Hui people are as follows: (1)the target design should be aimed at adults, especially older people; (2)the characteristics of Hui dress must be embodied, integrating modern fashion elements into traditional Hui style; (3)the patterns and color of other ethnic groups who also believe in Islam should be taken into consideration while designing apparel for Hui

---

* 本文为 TBIS 2011 Textile Bioengineering and Informatics Symposium on "Advanced Textiles, Fashionable Industry" 会议论文，发表于 Yi Li and Yuan–Feng Liu eds, Textile Bioengineering and Informatics Symposium Proceedings, Binary Information Press, 2011.5.27:p.1929–1932. ISSN:19423438, 经修改后于 2012 年 5 月被 CPCI 收录。本次再收录时经澳大利亚 Chris Lorch 先生审读。

people; (4)some fashion elements of modern clothing can also be applied to the design of Hui garments, but ensuring not to use degenerative and eccentric elements; (5)for the young Hui, the color of the cloth can be bright and versatile, but thin and transparent cloth should not be used; (6)men' s clothing should also be developed in response to market demand; and (7)design should be combined with both market demand and e-business elements which can be tried as a new method for the promotion of ethnic costumes and attire.

**Keywords:** Beijing; Hui people; Dress culture; Dress research and development

## 1. Introduction

Beijing has become China' s political center since the Yuan Dynasty. The Hui people, beginning from the Tang Dynasty, have gradually developed into an ethnic group through the end of Yuan Dynasty and the beginning of Ming Dynasty. Beijing' s status and cultural influences did contribute significantly to the formation of the Hui. The changes in history, politics, economy and culture of Beijing have great influence on the lives of Muslims in this region, especially on the dress culture of the Muslims, for "dress is a window, through which a culture can be explored, for dress bears the idea, concept and system the culture needs".[1] not only a cultural form, but also a daily necessity. China is currently undergoing great social changes, with faster economic development and a faster urbanization process, thus speeding up the integration of the ethnic groups in the cities. But the research and development of the ethnic dress culture lags far behind. This study aims at the exploration of the developing trends of the dress culture of Beijing' s Hui people and the design of clothing for Hui people in order to protect their ethnic dress culture and promote the construction of a socialist, harmonious society.

## 2. The Dress Culture Trends of Beijing' s Hui People

When it comes to the changes of Muslim, Hui Ethnicity and Hui dress, Ma Xian, the former vice chairman of the Islamic Association of China, said somthing like this: Muslims in China maintained the custom of wearing Arab clothing prior to the Ming Dynasty. The Islamic doctrine does not make a statement about what to don, only requiring men to be dressed decently, in a loose-fitting style and women to wear a hijab to cover their hair. Their hands and feet should not be exposed. But different minority groups who believe in Muslim doctrines follow these requirements in different ways. There are ten Islamic ethnicities in China, such as Uighur, Tajik, Kazakh in Xinjiang and other minority groups. Those groups established their ethnicities prior to their religious beliefs. Therefore, they kept their ethnic costumes. But in Ming Dynasty, people were not permitted to wear Hu Fu (clothing from abroad), and inland people (Muslims) formed the Hui later. Why there is now no unified costume for the Hui can be traced back to the Ming Dynasty when the Hui became mixed with the Han [2].

Historically speaking, Hui culture has a strong adaptability, adhering to the core part of their culture as well as continuing to adapt and integrate. This helps Hui culture, although in the shadow of Han culture, remain relatively independent. When considering the rapid changes of the capital, what are the developmental trends of Beijing' s Hui dress culture? According to the survey and field observations, the following five trends can be summed up.

First, the ethnic costumes are worn according to rituals. Namely, the ethnic costumes are worn on the more ceremonial occasions, such as Muslim Friday Prayers, ethnic and religious festivals, weddings, funerals and other ceremonial occasions. According to the survey, 40% people said they would wear white hats or hijabs on such ethnic festivals as Balram and Corban. On the ceremonial occasions mentioned above, people should pay great attention to their dress in order to honour those events. This is a trend of Beijing' s Hui dress culture, that is to say, it is the common element among most minority groups in the context of today' s urbanization.

Second, ethnic costumes have their symbolic meanings. One of the very important features of the ethnic costumes is labeling individuals' ethnic identities. During the process of urbanization, ethnic costumes quickly retreated from the daily life of minority groups, thus making the ethnic costumes become simple symbols to express individuals' identities. In the survey, when asked to describe the Hui costumes they know, all the people under investigation mentioned white hats and vests, and 87% of them mentioned hijabs or headscarves. Hats which can be worn by both males and females have become a symbol of religious culture. So it is obvious that the traditional Muslim dresses have become simple features, and symbols of ethnic culture.

Third, ethnic costumes have day by day, become more fashionable. Fashion is an inevitable trend of social development; ethnic costumes are also subject to the development of modern fashion culture. The daily dress of Beijing' s Hui people has been affected by the world fashion trend. Even when participating in religious festivals, a lot of people with traditional headdress clothe themselves very fashionably. For example, ladies wear traditional hats with curled hair and young people have sports wear. When going to church, some people wear a hoodie, taking the hat in the clothes as a prayer cap, which is an important performance of modern Beijing' s Hui fashion dress. In addition, wearing Pakistan dress, Malay dress and some foreign hijabs and hats become another trend, which is the influence from the numerous dress cultures of the various Muslim groups, especially from the foreign Muslim dress culture.

Fourth, ethnic costumes have a trend of diversity. Because Beijing is open to the outside world, it is possible for Hui people in Beijing to have more opportunities to get in touch with different cultures and more easily accept new forms of culture, all of which provide a realistic possibility to diversify Beijing' s Hui dress. On one hand, the diversity trend of Beijing Hui dress is affected by the diversity of modern fashion culture. On the other hand, Beijing' s Hui dress culture itself is not relatively rich, and there is a demand for cultural resurgence among the Hui people. This makes many people, who are interested in protecting ethnic cultures, committed to the development of costume diversity within the Hui people. The diversity of Beijing' s Hui dress is reflected not only by patterns and colors but also by styles, constantly absorbing the variety of different cultures and undergoing innovations.

Fifth, ethnicity and religion conveyed in costumes are gradually separated from each other. As a matter of fact, it is very difficult to separate ethnicity and religious beliefs in Islamic culture and ethnic costumes usually imply both ethnic and religious meanings. And there is no exception with regard to the Hui' s ethnic dress. The ethnicity of Hui dress refers to the consciousness of ethnic culture whereas the religion refers to the religious beliefs embodied in the dress. In general, the religious elements of the costumes always show their seriousness, stability and strong inheritance; whereas the ethnic elements are likely to be diverse, variable and expansive. Therefore, the main dress of the Hui people should reflect both religion and ethnicity at the same time. When asked about the dressing attitude during a survey, 84% of people who do not wear Muslim costumes said that "I do not believe in Islamism, so I do not wear Hui costumes". Young people also had similar opinions during the interview. It can be concluded that many people hold the point of view that Hui costumes reflect religion much more than ethnicity. In modern cities, ethnic costumes are regarded as a symbol of religious belief whereas the ethnicity conveyed through the ethnic costumes is gradually neglected due to its weakness.

### 3. The Feasibility of Developing Dress for Beijing' s Hui People

Beijing is the cultural center of China and the dress culture of Beijing' s Hui people will undoubtedly have influence on the Hui' s dress culture of other regions, especially the relatively isolated northwest regions. With the frequent cultural exchanges between the Hui in Northwest and the Hui in Beijing, the traditional culture has been transmitted to the development of Beijing' s Hui culture. Many Hui youngsters in Beijing have gradually cultivated their interests in their ethnic culture and have a strong desire to study it. Some of them would like to attend cultural classes in Niujie or in Nanxiapo Mosque from time to time. Beijing has established many Hui websites or Muslim websites, affording access for young people to learn their ethnic culture. So there is cultural resurgence among young people. Ethnic costumes, as conspicuous symbols, become props to show people' s ethnic identities. Therefore, Beijing' s Hui dress culture should play a leading role in the process of development of Hui dress culture, taking its advantages of cultural exchanges and pioneering new routes for cultural inheritance. In addition, the Hui minority group is an ethnicity with a very high degree of urbanization and a better development of Hui dress culture in cities will serve as a model for the protection and the development of other ethnic dress cultures, thus having a positive effect on China' s entire ethnic cultural prosperity and the social harmony.

Beijing' s comfortable and harmonious cultural environment and rich cultural exchanges make contributions to the development of Hui dress. According to a market research on Hui dress, 70% people said they hope to see more special stores selling Hui dress in Beijing so that they can buy the clothes they like. But more than half of the 70% people surveyed are over 50 years old. According to market research and the observation, seven recommendations are put forward for developing the dress of Hui people :

Firstly, the target market should be focused on adults, especially on the elderly. Designers should avoid using heavy decorations to make sure that the styles should meet the three traditional aesthetic and religious requirements - baggy, loose-fit and concealing, taking into account the elders' ethnic costumes in daily life. When it comes to adults' costumes, designers should pay more attention to these qualities and make sure that they can reflect wearers' ethnic identities on the ceremonial occasions

Secondly, it must be fully aware that the ritual characteristics of ethnic costumes are still mainstream although there is a trend of cultural regression. And the ethnic costumes people buy are not often worn in daily life. Therefore, the ethnic characters of the ethnic costumes should be reflected in a moderate manner so as to integrate into the modern fashion culture. Stage elements should be used as little as possible and the styles close to life will be accepted by more people in their daily life.

Thirdly, in designing Hui costumes, designers can make use of not only the traditional Hui elements but also the patterns and colors from other Muslim ethnicities. Because of the influence of the Han culture, Bejing's Hui people have a tendency to apply traditional flower patterns and geometric patterns borrowed from Han people for decoration. But the elderly still refuse to clothe themselves in costumes with dragon or phoenix patterns. Ethnic identification is a two-way process:  an ethnic identity should be recognized both by their own people and by other ethnicities. At present, the newly designed Hui dress may be accepted by Hui people but not recognized by other ethnicities, which will take a long time to reach a consensus.

Fourthly, some modern fashionable elements can also be applied to the design of Hui costumes. But it should be noted that decadent, sloppy and eccentric elements should be avoided. Such traditional aesthetic criteria as elegance, solemnness and grace in the evaluation of Hui costumes still have their solid foundations in Muslim culture.

Fifthly, for the young Hui, the color of the cloth can be bright and versatile, and such materials as cotton and woven fabrics can be used but they cannot be too thin and too transparent. Womenswear should not be deliberately designed to expose. Some curves may be considered in the design but cannot be too tight-fitting. Skirts can be designed but miniskirts should not be considered.

Sixthly, men' s dress should also be given some attention, even though women' s fashion is more emphasized in today' s design. Designers usually like to design for women because they can exert their imagination to a large extent. Although the styles of menswear seldom change, they are equally important in design. According to the writer' s survey, there do appear to be demands for men' s fashion in this context, but few people show concern for them. More emphasis should be given to the use of material, color, and cutting in the design of men' s costume. Patterns can be used but not those of animals. Men need long thick coats in winter and white thin robes with good absorbency in summer. According to the information available, these demands are too dispersed to summarize.

Seventhly, design should relate to both market demand and e-business elements which can be tried as a new method for the promotion of ethnic costumes and attire. From design to production and to marketing, a relatively smooth channel should be available for the development and promotion of ethnic costumes. In regard to design, the design teams in the universities and colleges of Beijing are good resources. In production, the plants in other places as Yiwu, Qinghai, Ningxia can be made use of, and there is no need to set up production lines in Beijing. In terms of sales, multiple channels can be used, e.g. in Muslim products stores and ethnic products stores around mosques. Online marketing can also be tried as a new form of promotion, because the Hui people in today' s big cities live more scattered than before, due to the dramatic changes in city development.

On the whole, the development of Hui costumes should take into account reality. The costumes which embody both ethnic and fashion elements will have a better market and brighter future.

## 4. Conclusion

From its formation to the present, the Hui ethnicity has made great achievements in many aspects, which is the result of adhering to its traditional culture while at the same time absorbing new elements to enrich their culture.

Islam is the core strength in the formation and development of Hui ethnicity, and in the resurgence of Hui culture. Urbanization is a necessary process of modernization. Just like any other ethnicities, the Hui must try to get used to the changes of the external environment. Today, Chinese culture and Islamic culture are making positive exchanges in both government and non-government levels, e.g., Premier Wen Jiabao' s visit to Islamic countries in East Asia[3] and well-known Islamic scholars' visits to China[4]. All this provides good opportunities for the resurgence of Hui culture. Such opportunities are also advantageous to the heritage and development of the dress culture of Hui people.

**Acknowledgement**

This research is sponsored by Beijing Philosophy and Social Science Eleventh Five-Year Planning Project Fund. No.: 07AbWY037.

**Reference:**

[1] Linda B. Arthur,Introduction:Dress and the Social Control of the Body, in B. Arther(Ed.) Religion, Dress and the Body, BERG,1999.

[2] Guo PJ, Lin JH, Zhang CJ. The change and development trend of women's dress of Hui People in Niujie Community of Beijing. Journal of Inner Mongolia Normal University 2007;5:133-137.

[3] http://news.xinhuanet.com/world/2009-11/08/content_12407835.htm

[4] Seyyed Hossein Nasr from George Town University and Peter Joachim Katzenstein from Conell University: http://www.chinanews.com/cul/news/2009/11-20/1975747.shtml

# 北京回族服饰文化研究（概要）*

北京自元代以来就一直是中国的政治中心，回族也正是自唐代开始，经过元末明初逐渐形成了民族。明代前穆斯林还保持穿阿拉伯服装。伊斯兰教没有规定必须穿什么服装，只要男子穿得比较整齐、宽松；女子戴头巾，把头发遮住，不露出手和脚就可以。因此，中国信仰伊斯兰教的民族，比如新疆的维吾尔、塔吉克、哈萨克等民族，由于其是先有民族，后有信仰，所以保持了自己民族的服装。为了了解当前北京回族服饰文化的现状，我们选取了北京四个清真寺社区为主要调查范围，调查对象以北京本地的回族为主，也包括现在生活以及工作在北京的外地回族，这样有利于分析族群内部不同文化群体对服饰文化的影响。

## 一、北京回族服饰文化的发展

调研发现，北京回族的服饰较之西部的回族服饰更多地受到现代都市文化的影响，日常服饰已经和汉族没有任何区别，72%的人已经不穿戴任何民族服饰，19%的人(中年人居多)表示在民族节日的时候还会戴帽子，只有9%的人(都为年纪在50岁以上退休的人)还在坚持穿民族服装。民族节日服一般来说只有在过开斋节、古尔邦节以及圣纪节的时候，或者是社区活动，小范围的集体活动中会有人穿着。例如每年过开斋节的时候，在牛街的大街上可以看到一些穿着各式各样民族服装的人。在其他的清真寺穿着民族服装的人就更少了。随机调查发现，近一半的回族人认为，其

* 本文为北京市哲学社会科学“十一五”规划重点项目“北京回族服饰文化研究”（07AbWY037）最终成果的主要内容，曾刊登在北京市哲学社会科学规划办主办的《北京社科》2010年第11期，第14–19页，以便进一步推动该优秀成果的转化应用。本次收录也主要是因为其内容简练，便于阅读。

传统服装中的宗教属性更加强烈。他们普遍接受了民族与宗教相分离的观念。

回族对礼仪比较重视，在类似结婚这样生命中的重要时刻，都会有相应的礼仪活动。其礼仪服饰具有宗教特征，体现在盖头和帽子上。例如，结婚办喜事时，证婚的阿訇还有少数几个年龄比较大的乡老都穿戴具有回族特点的白衫、白帽；回族的丧葬制度与宗教紧密相连，不易改变。回族的丧葬服饰分为孝服和殓服，孝服是生者为了悼念亡者而穿着的服饰，殓服则是指亡者穿着的服饰。调研观察得知，由于伊斯兰教的影响，在殓服的样式、规格、要求等方面，北京回族的殓服与全国各地的回族都大体相同。孝服却变化较多，愈加的简化，都是日常装扮（男女都戴白帽，只是不穿短袖短裤），突出了伊斯兰教对于丧葬从简的规定。

伊斯兰教对回族服饰文化的形成和发展有很深的影响，表现为宗教服饰在回族服饰中占有相当重要的位置。回族的宗教服饰可以分为三个部分。第一部分是每年朝觐的服饰，不论是神职人员还是信教人士，所有人在朝觐中的服饰都是一样的。第二个部分是伊玛目(神职人员，也称阿訇)在礼拜时穿戴的服饰，也是最明显的体现宗教特征的服饰。采访调查发现，北京地区的阿訇宗教服饰的头饰基本上都是白色的“戴斯塔尔”，夏天身着白色长褂，冬天穿藏蓝色长大衣，也有穿米色的，长及膝部。也有部分阿訇喜欢穿巴基斯坦或者马来西亚的服饰。第三部分就是回族男女在上寺做礼拜时穿的服装。这部分服饰对女性的要求是“宽、松、遮”，所戴的盖头为白色；穿裤装，不穿裙子礼拜，即便是长裙也不行。对男人的服饰要求为庄重，最低限度是遮盖男子的羞体，必须是干净的，颜色清淡；一定要戴一顶无檐圆帽，防止头发散乱;禁止男扮女装，不可使用女性的首饰，但是由于北京的多元文化环境，不少回族男性青年中也有戴装饰性的耳环。可以看出，伊斯兰教在宗教礼仪服饰上的要求不只针对女性，对男性服饰的要求也很多。

## 二、影响北京回族服饰文化变迁的因素分析

第一，回族文化具有多族源性。回族不是由单一民族发展而来，而是

由多民族融合而成。回族不仅有波斯民族、阿拉伯民族、中亚各民族等外来民族的成分，还有蒙古族、维吾尔族、汉族等本土民族的血统。可以说民族融合一直伴随着回族的形成与发展。

第二，北京回族服饰文化受到的影响大。资料显示，经过明清两代民族融合，北京的回族为了能够在北京这个中国传统儒家文化的腹地保持自己的文化特征，不断强化伊斯兰教作为民族文化的核心价值观的作用，在逐渐借用汉民族服饰的形制基础上，尽量遵守宗教中对服饰的基本要求，保留“戴帽”这一能够被社会主流文化接受的着装习惯。

第三，西方服饰文化的影响。随着当今世界经济一体化、文化多元化的进程，北京已发展成为重要的国际文化交流中心和全世界各个民族文化自我展示的舞台，同时也成为多种文化融合和冲突的重要场所。西方服饰文化对北京回族服饰文化的影响体现在有些正式场合，很多回族人士会选择西服作为正装，以表示对他人的尊重。

第四，变迁中的中国传统服饰文化的影响。虽然最初的回族服饰有其自身的特点，但在清末回族服饰已经依附于中国传统服饰。今天，中国传统文化在北京这个“现代化”的大都市中，正在悄悄地发生着变化。中国传统服饰文化的变迁是传统文化对服饰文化影响逐渐减弱的表现，也是中国传统文化对当今社会影响力的减弱，这对北京回族服饰文化来说有了更广阔的可发展空间。

第五，伊斯兰服饰文化的影响。由于明清两代“闭关锁国”的外交政策，回族基本失去了与伊斯兰世界的联系，直至清代后期，回族信仰的“伊斯兰教”在北京地区开始出现类似于世袭掌教的中国化现象。这种“中国化”的过程在回族的服饰文化变迁中表现的尤为突出。清末时期的回族服饰都已经不同程度地采用了汉族、满族或者周边少数民族的服装以及色彩偏好。北京的回族服饰更是如此，服饰的民族特征几乎消失，保留下来的都是那些与宗教精神息息相关的部分。例如，头饰已成为回族身份的表征。

第六，北京回族中群体服饰文化的影响。北京作为全国各地文化汇聚的城市，吸引了来自各地的回族同胞。在北京流动的穆斯林人口和北京当地的回族之间逐渐形成一个被包含在伊斯兰世界之内的精神社区。使得北京的回族能够积极借鉴全国各地回族服饰文化的特点以及外来穆斯林服饰文化特色，逐渐构建其具有北京地域特点的回族服饰文化。

第七，社区变化的影响。从广义上讲，北京回族的城市化由来已久，可以追溯到元代建都。从狭义上看，1949 年以后中国进入真正意义上的城市化，北京的回族也就顺其自然地开始了城市化进程。北京回族文化经过长期的变化、融入，已能够与以汉族文化为主的北京文化和谐相处并相互渗透，达到了和谐。为了保持和传承自己的民族文化，或者说为了保护能够在精神上被“认同”的群体存在，北京的回族更加依赖于由同质的人组成的有共同日常生活的社区。中国的现代化和城市化引起的社会变迁，也引起了回族社区地缘、家庭结构及妇女社会角色、教育环境、传统回族服饰审美观以及宗教文化环境等方面的变化，从而导致了现代北京回族服饰文化的变迁。

## 三、北京回族服饰文化的发展趋势

从历史上回族文化的变迁来看，回族文化具有较强的适应能力，在坚持文化最核心部分的同时不断地变通和融合，使得回族虽然处于汉族文化的腹地，却仍然能够具有相对的独立性。面临城市的加速发展，北京的回族服饰文化该如何继续传承呢？也就是说会有什么样的发展趋势呢？根据调查和实地观察，发现有以下五方面的趋势：

第一，礼仪化。这里的“礼仪化”指的是民族服饰更多地在民族礼仪场合被穿戴。例如回族的主麻日、民族宗教节日以及婚丧等礼仪场合。调查中 40%的人表示他们会在开斋节、古尔邦节这样的民族节日戴白帽或戴盖头。在上述“礼仪”场合中，按照与事件的相关程度来看，事件的“主角”最注意自己的着装。这是北京回族服饰文化的一个趋势，也可以说是现今都市化背景下大部分民族存在的共性。

第二，符号化。民族服饰一个很重要的特性，即标注个体的民族身份。在城市化过程中民族服饰迅速退出少数民族的日常生活，使得民族服饰已经变成标注个体民族身份的简单符号。在调查中，当要求对印象中回族的民族服饰进行描述时，100%的人写了白帽和马甲。帽子已经变成男女都能戴的民族服饰以及宗教文化的象征。可见在人们的认识中，传统回族服饰已经成为极为简单的特征，变成了一种民族文化的符号。

第三，时尚化。现如今凡是在文化繁荣、交流频繁的地区，都会有时尚存在。民族服装的发展同样也受到现代时尚文化的影响。对于北京回族服饰而言，生活在北京这个文化都市中，回族的日常服饰也受到了世界时尚潮流的影响。即便是在参加宗教节日的时候，也可以见到不少穿戴传统头饰，却配以现代时尚装束的人，有女士烫着卷发戴帽子的，也有穿着一般运动服的年轻人，在做礼拜的时候也有穿着帽衫的，用连衣的帽子代替礼拜帽，这是现代北京回族服饰时尚化的一个重要表现。另外不少人选择“巴服”、“马来服”，以及国外来的一些盖头、帽子，这也是一种时尚潮流，这些潮流因素就来自纷繁的各穆斯林民族服饰文化。其中来自国外的穆斯林的服饰对回族服饰的影响比较明显。

第四，多样化。由于北京地区的文化具有较大的开放性，使得这里的回族有了更多的对外文化交流的机会，也更容易接受新的文化形式，为北京回族服饰的多样化提供了现实的可能性。北京回族服饰的多样化一方面因为现代服饰文化多样性的影响，另一方面由于北京回族服饰文化本身就较为匮乏，而在回族民族内部有文化回归的需求，使得不少有意要保护民族文化的人致力于多样化的回族民族服饰的开发。北京回族服饰的色彩、花纹图案以及款式上都不同程度地吸收着来自各个方面的文化养分，不断地创新，逐渐走向多样化。

第五，服饰中民族性与宗教性逐渐分离。伊斯兰文化中民族与宗教信仰是很难分开的，表现在信仰伊斯兰教的民族服饰上就是服饰的民族性与宗教性结合，回族的民族服饰也不例外。回族服饰中民族性指服饰中体现了民族文化意识的部分，而宗教性则指服饰上体现了宗教信仰的部分。总体上看，服饰中宗教的元素总是表现出严肃性、稳定性和较强的传承性；民族的元素则体现为多样性、多变性和可发展性。也就是说在回族的主体服饰中同时蕴涵了宗教和民族两种元素。调查结果显示，回族服饰的宗教性要多于民族性。在现代城市中，民族服饰的宗教性表现的更加明显，而代表民族性的部分由于本身就比较欠缺而逐渐被人遗忘。

## 四、北京回族服饰研发的可行性

北京是全国的文化中心，北京回族的服饰文化无疑会影响其他地区的回族服饰，尤其西北相对比较闭塞的地区。随着西北的回族与北京回族之间交流不断加深，为北京回族文化的发展带来了传统文化的气息。北京的不少回族青年都逐渐对自己的民族文化有了兴趣，并且产生了学习本民族文化的愿望。在牛街的学习班以及南下坡清真寺的学习班上都能看到一些年轻人的身影。北京的多个回族或穆斯林的网站也成为新时代青年学习民族文化的新途径，出现了民族文化在回族青年中的“回归”。因此，作为一个民族文化最明显标志之一的服饰，就成为北京回族彰显自己民族身份的重要方式。在全国回族服饰文化的发展过程中，北京的回族服饰文化应该成为回族服饰文化发展的领头羊，发挥其文化交流的优势，为回族服饰文化传承找到一条出路。另外，回族是中国少数民族中城市化程度非常高的一个民族，城市中回族服饰文化如能得到很好的发展，将会为保护和发展其他少数民族服饰文化起到示范作用，对推动整个中国民族文化的繁荣与社会和谐产生积极作用。

北京宽松的文化环境和丰富的文化交流为其回族服饰提供了广阔的发展空间。在针对回族服饰市场的调查中发现，有 70%的人表示希望有专门卖回族服饰的商店出售令人满意的服装，不过这 70%的人中有半数以上分布在 50 岁以上。根据市场调研和所观察到的情况，在回族服饰的研发方面提出以下一些建议：

第一，在服饰设计的定位上应该偏向于成年人服饰，尤其老年人。在针对老年人服饰的设计中不要有太多的装饰，款式要符合传统服饰审美以及宗教的“宽、松、遮”三个基本要求。这主要考虑到老年人在生活上和民族习俗上的需要。而针对成年人的服饰，应该依据实际情况，制作高质量的，能够在礼仪场合表现个人民族身份的服饰。

第二，要充分认识到，虽然民族文化有回归的趋势，但是民族服饰礼仪化的趋势仍然是主流。购买民族服装的人不会在日常生活中经常穿戴，所以服装的民族性一定要体现，但是也不能太过张扬，要既能够融入现代服饰文化，也能够表现出民族特点，舞台元素要少用，贴近生活才有可能渐渐融入日常生活。

第三，在挖掘传统的回族服饰元素的同时，设计中也可以加入其他穆斯林民族的图案色彩等元素。虽然同属于穆斯林民族，但北京的回族受到汉文化的影响较大，比较喜欢汉族传统的花卉图案和几何图案，也不排斥作为服饰的装饰图案使用，不过老年人依然不会选择带有龙、凤之类动物图案的服装。民族认同不是单向的，一方面要本民族认可，另一方面也要其他民族认同。现在新设计的回族服饰虽然本民族可能认同，但是其他民族却可能较难认可，还需要经历很长的时间来考验、沉淀，达成共识。

第四，现代服饰文化中的一些时尚元素也可以用到回族服饰的设计中，但是颓废的、邋遢的、另类的风格则不可以使用。素雅的、庄重的、落落大方的服饰审美在回族中仍然有很深的文化基础。

第五，在针对年轻人的设计中，可以选择鲜亮色彩和多样的材料。棉麻以及编织类型的布料都可以选择，但是太薄太透的材料不可以单层使用，女性的服饰还是要具有遮蔽的效果，不能刻意暴露。可以有一定的曲线，但是不可以过于紧绷，裙装可以加入设计，但超短裙是不能采用的。

第六，在设计女性服饰的时候也要注重男性服饰的设计。现代的服饰设计中多偏向于女性服饰。女性的服饰具有更多的创作空间，男性的服饰变化较少这是不争的事实，但并非说男性的服饰不重要。笔者在调查中发现，男性服饰的需求其实是有的，只是很少有人关注。在设计中可以加一些花纹的装饰，但是同样不能使用动物的图案，且男性的服饰多注重用料、颜色和裁剪，款式上冬天多偏向于长款的大衣，夏天则偏向于透气舒适的白褂。目前就所掌握的资料来看，这部分的需求比较分散，不易统计。

第七，设计要与市场结合。从民族服饰的设计研发到生产、销售，都需要有一个比较顺畅的渠道，否则即便是设计出来服装，如果无人知晓，供需之间的信息不够通畅，民族服饰也无法做到真正的推广。在设计方面应该多利用首都高校的设计队伍，并根据市场的反馈进行调整；在生产方面，可以考虑利用义乌、青海、宁夏等地的企业，无需非要在北京地区开设生产线；在销售方面，可以选择多种销售渠道，如清真寺的穆斯林用品店和清真寺周边的民族用品商店都是较好的销售场所。由于现在城市中的回族都不像以前那样聚居在一个社区，而是分散在城市的各个角落，所以除了比较受欢迎的卖民族服饰的实体店外，也不妨尝试一下网络销售这种新的形式。

总体来说，回族服饰的设计一定不能脱离实际，既要体现民族风格，又要具有时尚性，这样才能有市场，才能发展。

回族从形成、发展到现在，仍然能够坚持自己的文化传统，是因为回族能够在坚守自己传统文化的同时，吸收新的事物，不断向前发展。不论是回族的形成，经历的变迁，或是当前传统文化的回归，伊斯兰教都是回族文化得以传承和发展的核心力量。城市化已经是现代化的必经之路，与其他民族一样，回族也必然要接受这样的外部环境变化。北京的回族服饰文化在城市的现代化过程中，也不可避免地因为传统社会结构的解体而不得不面临传统文化难以传承的危机。如果丢失了传统文化，回族的服饰文化不仅会在伊斯兰文化圈中失去自己民族服饰文化的独立性，也会在这个服饰文化多元化的世界中失去自己的立身之地。如今无论是在官方还是在民间，中国文化与伊斯兰文化之间都在积极对话，国务院前总理温家宝的外访和伊斯兰文化的著名学者的来访，都给信仰伊斯兰教的回族提供了一个更好的文化交流和民族文化回归的契机。回族服饰文化要很好地利用现有的机会，积极传承，向更广阔的空间发展。

北京市社科“十一五”规划项目

“北京回族服饰文化研究”课题组供稿

# 后　记

原本计划只出版第一部分，即“北京回族服饰文化研究”。在文字修改的过程中，我们感觉内容还是有些单薄，于是有了把前期相关的研究成果收集进本书的想法，以丰富第一部分的内容。随着尝试设计的回族服饰制作的完成，我们自然而然地又产生了把这部分作品也放进本书的念头，这样就有了呈现在广大读者面前的由三个部分组成的《北京回族服饰文化研究》。

关于第一部分，已在我的“前言”和陶萌萌的“后记”中说了不少，这里不再赘述。下面重点谈谈第二和第三部分。

第二部分——回族服装设计作品集主要是团队成员张春佳老师完成的，设计灵感来源于对西北地区的调研。张春佳是一位年轻的服装设计师，毕业于清华美院，本、硕连读，师从我国著名的服装学者刘元风教授。张老师在参加本课题研究之前主要是从事时装设计，并未接触过回族服饰文化，所以该作品集是她将现代设计理念与民族服饰元素相结合的一次创新性尝试。她不仅是本系列服装的设计者，而且亲自参加了服装的制作，这样使作品更加能够体现出她的设计理念。这些作品曾于 2013 年元月在北京服装学院民族服饰博物馆进行了为期两周的展示，受到学院师生和外来参观者的好评。我们回族服饰文化研究的项目已经顺利完成，但传承回族服饰文化的实际行动才刚刚开始。我们计划今后还要去回族聚居区进行展演，虚心听取回族学者、宗教人士和普通回族民众的意见和建议，积极寻求与回族服装企业的合作，争取为回族服饰的研发做出更大的贡献，以满足广大回族民众对于既能体现民族风格又有现代气息的服饰的需求。

第三部分——前期相关的研究成果也包括三部分内容。第一部分的内容是“北京回族妇女服饰文化研究——以牛街为例”的成果，包括“对北京牛街回族妇女服饰文化的调查分析”和“北京牛街回族妇女服饰的变迁及发展趋势”两篇，前者是对问卷调查的分析，后者是一篇比较全面的研究报告。第二部分的内容是研究团队在我国回族聚居的青海、宁夏、内蒙古和新疆等西北地区实地调研后的总结和感想，包括“我国西北地区回族服饰文化发展趋势调研报告”、“面纱下的思想回归——记西北四省穆斯林服饰发展状况”、“浅析宗教服饰与民族服饰的关系”和“浅谈回族传统服饰文化研究中的服装设计开发”四篇。这部分内容是都市回族服饰文化研究的大背景，缺少这一部分，都市回族服饰文化的研究就根基不扎实，难以深入。第三部分的内容是“北京回族服饰文化研究”的阶段性成果和研究报告的概要版，包括“The Integration and Evolution of the Costume Culture of Beijing' s Hui People”, “Study on the Development Trend and Design of Dress for Hui People in Beijing”和“北京回族服饰文化研究(概要)”。这些阶段性成果可以比较客观地反映出整个研究的过程。

在此要感谢研究团队的主要成员——张春佳老师和研究生陶萌萌、林君慧，是她们的聪明才智、无限的投入、吃苦耐劳的精神以及勇于探索的劲头才使我们圆满地完成了相关研究任务。

最后要感谢北京市哲学社会科学规划办公室、北京市教育委员会和北京服装学院在研究和出版经费方面给予的支持；感谢中央民族大学出版社在本书出版过程中给予的热情帮助和指导；还特别要感谢中央民族大学民族学与社会学学院院长丁宏教授，她不仅在百忙中细读了本书原稿并作序，还对书中一些表述提出了宝贵意见和建议。正因为有了丁教授的专业性指导，本书才得以更完美地呈现在广大读者面前。

民族服饰文化的传承与创新是一项长期而艰巨的历史使命。通过本项目的研究，我们逐渐了解了回族服饰文化，而且也爱上了回族服装的美。希望本次回族服饰文化研究项目组的年轻成员——陶萌萌、张春佳和林君慧能以此书为垫脚石，在回族服饰文化的研究、传承和创新的道路上越走越远！

2013年6月于北京